开启花季智慧科普丛书

wugu bu juwei

yuanli weixian

刘刚◎编著

U0348479

无故不居危
远离危险

新书推荐

陕西出版集团
太白文艺出版社

图书在版编目(CIP)数据

无故不居危：远离危险/刘刚编著.—西安：太白文艺
出版社，2012.12
（开启花季智慧科普丛书/刘刚主编）
ISBN 978-7-5513-0358-3

Ⅰ.①无… Ⅱ.①刘… Ⅲ.①安全教育—青年读物
②安全教育—少年读物 Ⅳ.①X956-49

中国版本图书馆CIP数据核字(2012)第263156号

开启花季智慧科普丛书
无故不居危——远离危险

主　　编　刘　刚
编　　著　刘　刚
责任编辑　王大伟　荆红娟　李　丹
封面设计　梁　宇
版式设计　刘兴福

出版发行　陕西出版集团
　　　　　太白文艺出版社
　　　　　（西安北大街147号　710003）
　　　　　E-mail:tbyx802@163.com
　　　　　tbwyzbb@163.com
经　　销　陕西新华发行集团有限责任公司
印　　刷　北京阳光彩色印刷有限公司
开　　本　700毫米×960毫米　1/16
字　　数　105千字
印　　张　10
版　　次　2012年12月第1版第1次印刷
书　　号　ISBN 978-7-5513-0358-3
定　　价　19.80元

前　言 ●●●

青少年"好像早上八九点钟的太阳，希望寄托在你们身上。"诚如毛泽东同志所言，青少年朝气蓬勃，充满理想，敢于追逐，勇于实践。在他们身上有着无尽的可能，无穷的希望。一方面，我们对他们寄以殷切的希望，希望他们能实现自己身上所有的可能性，有所建树，有所成就。另一方面，我们也明白，青少年时期是人生最重要的转折点之一。转折得好，人生就会向着积极的方向发展；可是如果没有转折好，也未尝不可能向着消极的方向堕落。这也是投向我们希望的曙光中，一斑挥之不去的阴影，萦绕在我们心头，使我们如坐针毡，如芒在背。

"玉不琢，不成器。人不学，不知道。"古人云，"少而好学，如日出之阳。"这里的"学"，不单单指的是学习课本上的知识，更重要的是如何立志修身，为人处世，面对人生中可能碰到的种种顺境与逆境、困难和挫折，并且最终战胜它们，达到你的理想和成就。其实，我们的先贤对青少年的教育也不是只重知识而轻修养，更不是在他们童蒙未开之时就灌输一些他们尚不能理解的大道理、空口号，而是非常重视循序渐进和教育内容的选择。譬如，童子先教其"扫洒应对"之道，即基本的自处和与人交往的礼节。然后，等他们少年之时，教其礼、乐、射、御、书、数，即礼节、音乐、射箭、御车、书记、算术等基本的知识，其中也蕴含着人格的修养。及至其青年之时，乃入大学，这时候有了之前知识和修养的基础和准备，才教其格物、致知、诚意、正心、修身、齐家、治国、平天下之大道。按照这样的程序对青少年进行教育，古人认为才能培养出知识全面、人格健全的人才。"可以托六尺之孤，可以寄百里之命"，可以"穷则独善其身，达则兼济天下"。

时代在前进，观念在变化。但是我们对青少年的希望和古人是一样的。有些规律性的已经由时间证明的成功的经验，我们还是应当吸取。

所以在这套《开启花季智慧科普丛书》中，我们是希望在课本之外，为青少年的人格修养、人品塑造、人生道路提供一些有益的建议和指导，使他们尽可能地有所收获，少走弯路，更加顺利和健康地成长，并为他们今后的发展打下一个坚实厚重的基础——不单单是知识和学业上的基础。

丛书内容几乎覆盖了我们所能想到的所有方面，从学会面对压力和挫折，到如何培养激励自己；从与人交往之道，到懂得感恩与回馈；从学会读书到守望智慧；从树立远大理想到培养高尚情操……在材料选择上，我们也颇费苦心，力图既富有时代气息，又贴近青少年心理，同时减少说教的口吻。

当然，丛书编得究竟如何，最终还是要看它能不能得到广大青少年的喜爱和认可。限于水平，书中不能没有错误，尚请方家指正。同时也欢迎各位读者提出宝贵的意见和建议。

目 录 Contents

一 学校中的安全

Tips——青少年安全小提示

1. 在教室走廊不蹦跳追逐打闹，不翻越走廊栏杆。

2. 在公共场所或参加大型活动时，注意紧急疏散路线，防拥挤踩踏。

课间活动谨防意外发生

学校是青少年的乐园，青少年的大部分时间都是在校园中度过的，所以青少年一定要提高校园安全防范意识，掌握一些必要的自我保护本领，以保证每天快快乐乐地上学，开开心心地回家！

中小学生的校园活动可谓丰富多彩。上课、讨论、锻炼、做操、劳动、做实验等等，同学们从中既获得了知识，又锻炼了体能和才能。参加各项活动要遵守学校的规定和注意安全，否则就有可能发生以下一些意外伤害事故：

1. 摔伤。常见的有从桌椅上或从楼梯上跌落引起的摔伤。同学们布置教室、张贴板报、擦洗窗户等，通常要站在桌椅上完成。如果桌椅摆放不平稳，或是上下桌椅不小心时，就容易摔伤。急着上下楼而一脚踩空或绊倒，也是学生摔伤的一大原因。

2. 砸伤。在运动场上，球砸伤人的事件是经常发生的。有时候，同学之间开玩笑，相互掷以书包、石子，也容易引起砸伤。

3. 撞伤。主要是上下课时或运动场上，相互奔跑的双方互撞引起撞伤，或是急速奔跑的一方撞倒站着或走着的另一方。由于撞方处于剧烈运动的状态，力量比较大，由此引起的撞伤通常也比较严重。

4.挤伤。最常见的情形是开关门时挤伤手臂或手指。人多相拥入门或相拥在狭窄的空间时，也容易发生挤伤皮肤或其他部位的事故。

青少年的校园活动中，只要多多注意行为安全和避让他人，就能有效地防止上述意外事故的发生。

相互嬉闹须掌握分寸

同学之间，朝夕相伴，在紧张繁忙的学习之余，总免不了开开玩笑，打打闹闹，以放松一下课间紧张的身心。俗话说"乐极生悲"，玩笑开过了头，嬉闹不注意分寸，就有可能引发意外事故。像下面所说的几种玩闹，都是具有一定危险性的：

1.卡脖子。一些青少年，尤其是男孩子在一起时，喜欢玩一种类似"斗鸡"的游戏。即双方叉开腿站着，双手伸前抓住对方肩膀或脖子，用力往前顶。掌握不好，就有可能摔倒，甚至抓伤对方脖子。

2.下马绊。这是男孩子们喜欢的游戏。打闹的双方互相用脚去勾对方的腿，使其摔倒。但若摔重了，很容易伤着尾骨或后脑部。还有一些学生突然伸腿去绊正在走路或奔跑的同学，如若摔倒，很容易磕坏门牙和下颌。

3.抽空椅子。有些人喜欢玩此把戏，以同学摔倒时的窘相为乐。殊不知教室里布满桌椅，摔倒者容易磕在硬物硬角上造成严重伤害。

同学之间在一起嬉戏本是一种亲昵的表现，只有本着尊重他人，安全第一的原则，不做过激的行为，不拿同学的短处开玩笑，才能平安愉快地过好校园生活。同学之间玩耍、嬉闹时，一定要注意场合，要注意对象，更要掌握分寸，否则就可能产生不良后果。

集体活动中的安全意识

在学校里，青少年时常会参加一些由学校、年级或班级组织的集体活动，如参加比赛、演出、看电影、郊游等等。参加集体活动也要注意安全，不然就会发生一些意外事故，或是影响活动的进行。参加集体活动首先要遵守纪律。不要擅自离开队伍，不要到别的班级中逗乐玩闹。如果在点名时发现人数不齐，不仅不能正常开展活动，还会让带队的老师着急、担心。参加集体活动要互助互爱，要有集体荣誉感。对身有残疾或身体较弱的同学，要主动关照。观看演出或电影时，不能蜂拥而上抢占位子。自私自利的行为应当杜绝。当在礼堂或剧场开会、看演出时，要按秩序入座、离场。要学会识别公共场所和较大建筑物内的安全标志，如剧场除了有大门外，还有太平门等紧急出口。如坐电梯时，要看清梯内的急呼标志。在高层建筑物内，除了电梯外，还有楼梯等紧急通道。必须注意的是，发生地震或火灾时，不能乘坐电梯下楼。在剧场内发生火灾时，如果离门口、窗户较远，人又拥挤，可迅速用手帕或帽子等捂住口鼻，然后趴在地上，设法匍匐移向门口，不然容易被挤伤、踩伤或熏倒。"居安思危"，同学们在日常从事各种活动时，要常常想到，"这时遇到危险和意外，我怎么办？"当自己身处险境时，要保持镇静的头脑和清楚的判断力，就能增强自救的能力和机会。

皮肤擦伤用药的科学

皮肤擦伤在学校是很常见的事情，所以青少年必须要了解消毒药的使用方法。常说的外用消毒药有紫药水、碘酒和酒精三种。不同的药水功能不同，有的混合使用后还会引起不良反应，损伤身体皮肤。紫药水也叫"龙胆紫"溶液，它的毒性低，没有刺激性，但有收敛作用，可用于皮肤切伤、擦伤等消毒。如果口腔里发生了口疮，涂一些紫药水，效果也较好。碘酒又叫"碘酊"，消毒杀菌作用很强，对皮肤有一定刺激性，若涂在刚碰破的新鲜创面上时，病人会感到剧痛。涂的次数多还会灼伤皮肤创面，影响伤口愈合。碘酒的通透性强，可用来治疗初期毛囊炎及足癣。酒精又称"乙醇"，常用于皮肤消毒，常用浓度是 $70\% \sim 75\%$ 的溶液，有杀菌作用。平常在打针之前用来消毒皮肤，也常用于手术器械等消毒。

皮肤擦伤后，可根据伤口深浅、大小情况，选用涂搽的药水。伤口很浅小，又不太疼，抹点紫药水就可以自愈。如果伤口较深，创面有清水或血渗出，带有疼痛感，这样的伤口一般也只需涂点紫药水即可，但伤口长好的时间略长，约一周左右。当伤口较深，有尘沙、煤屑嵌入，应先用自来水或冷开水冲洗创面后，再涂搽紫药水，最后再包扎好。涂搽药水的方法也有讲究。应先从创面涂搽，以此为中心，再逐渐往外周抹至超过正常皮肤 3～5 厘米。不能上下左右无顺序地胡抹，否则会将创面外皮肤上的细菌带入伤口内，引起不必要的感染和化脓。

对付异物入眼的好办法

眼睛，有心灵的窗户之称，是人类最重要的生理器官之一。所以，青少年要懂得如何保护好自己的眼睛。眼睛受伤，轻则损害视力，重则导致失明。

异物入眼处理不好，会使眼睛受到伤害。常见的异物入眼包括沙粒、灰尘、小虫、酸碱液体和其他药水等。假如这些东西吹入眼中时，千万不要用手搓揉或用手帕等物品乱擦，以免损伤角膜，同时也不要用手马上去触摸眼部，以免引起细菌感染。可用清洁的水洗眼，或是将清水装入壶内，用水流冲洗眼睛。然后仔细察看是否能看到眼睑中的异物，如能看到，就用干净的手帕或纱布将异物粘出，不能太用力，也不能用太硬的布，否则易擦伤角膜。异物入眼时，如果不能马上找到清水，则闭上眼睛，低头，或是将上眼睑拉下盖在下眼睑上，使产生较多眼泪，以便将异物溶化或冲出。如果用以上方法仍未能取出异物，或是眼中总是有异物感时，就要到医院去检查治疗了，因为这时角膜可能已经受到了损伤。当眼部受到外来撞击致使玻璃等危险物进入眼睛时，要用消毒纱布盖住眼睛并速至医院治疗。不能试图自己将异物取出。酸碱液体（如氨水、石灰水、清洁剂等）和杀虫水、农药等进入眼睛时，应立即用大量的清水冲洗，绝对不能乱揉。如系石灰水溅入眼睛，要先剔除石灰颗粒，再用水冲洗（如果是生石灰入眼，更应注意不能立即用水冲洗）。冲洗后，如果有条件，可用中和剂冲洗（中和剂:0.5%～2.5%依地酸钠）。酸性物烧伤,可用 2%～3% 小苏打水冲洗；碱性物烧伤,用稀食醋或 1% 醋酸或 2% 硼酸水冲洗，然后送医院作进一步治疗。

眼外伤的快速处理

少年儿童相互打闹、玩耍棍棒中，常因不慎撞击眼部而发生眼球挫伤。挫伤处理不当或不及时，有时会引起视力减退，甚至失明等严重后果。

1. 挫伤

轻度挫伤一般仅有眼睑和结膜淤血，局部肿胀、疼痛，视力多不受影响。初期用冷敷，两天后改用热敷，或外敷白药等，能很快痊愈。重度挫伤可有眼睑气肿，眼眶骨折，虹膜断裂，眼内出血，晶状体、视网膜受损伤，甚至眼球破裂。但是，有时表面体征并不明显，容易误诊。伤员还可能并发头晕、呕吐等。因此，重度眼挫伤，应立即送医院处理。眼球挫伤后，短期内视力多不受影响，也可能没有症状，值得重视的是在几个月、甚至更长时间以后，可能会出现青光眼症状，如眼胀、头痛、视力减退、视野缩小，甚至失明。据统计，眼挫伤中约有80%会发生青光眼的前兆——前房角后退。因此，不能因症状轻而忽视其严重后果，应定时去医院检查眼压。

2. 眼球穿透伤

眼球穿透伤多因放鞭炮、玩剪刀、竹木签、玻璃等时，由物体直接刺伤眼球引起。眼球受到穿透伤时，患者可有剧烈疼痛、怕光流泪、视力模糊等症状。现场处理时，禁忌冲洗，以免污染扩大、加量而造成深部感染，应先滴入抗菌眼药水，然后用消毒纱布或干净毛巾把眼睛遮护，立即送医院医治。

保护鼻子

鼻子也是人体重要的器官之一，没有了鼻子就闻不到花香，呼吸不到新鲜空气，更辨别不了美食。因此保护鼻子也是非常重要的。

少年儿童的鼻出血，多见于外伤，也可因黏膜干燥抠挖鼻腔引起。由于鼻黏膜内血管丰富，鼻出血比一般外伤出血来势要猛，因此，易造成儿童惊慌、紧张心理。所以，在处理时首先要消除紧张、害怕心理，并且说明鼻出血是可以止住的。其次是让其采取平卧或坐位，头后仰，以减少鼻末梢血管内的血量。少量出血时，除让其坐位、头后仰、用口呼吸外，同时进行冷敷止血，其方法是前额敷以冷湿毛巾，或用干净棉花浸透冷水，敷于鼻梁骨上，上至眼角，下至鼻尖，可较快止血。出血较多时，可用脱脂纱布条塞入鼻腔，紧紧压迫局部以止血;有条件的可以在棉条上洒上"白药"或滴上肾上腺素，则效果更好。经常性出血或因外伤引起的鼻出血，在采取上述方法不能止血时，应尽快送医院治疗。

异物入鼻腔了怎么办？鼻腔是指前后鼻孔间的空腔，两侧对称，为鼻中隔所隔离，此腔上窄下宽，在鼻腔侧壁上长有三个鼻甲（上、中、下甲），又构成上中下三个鼻道。

异物多停留在三个鼻腔道。小孩在玩耍时常无意识地将异物塞入鼻腔。包括：纽扣、珠子、果核、豆类、纸团等物。成人多半是发生意外，如金属片、玻璃片、钉头等穿过鼻腔而入内。一般异物进入鼻腔大都停留在鼻腔口，也就是在鼻前庭处。如果成人可以自己压住健侧鼻孔，用力擤鼻涕，异物可随气流冲出。年龄较大些而又较听话的儿童也可试用此法。但是较小的孩子，因为做不好擤鼻涕的动作，反而会将异物吸入深部，故不要用此法。如异物已进入鼻腔，特别是圆形或椭圆形的异物，如果核、黄豆、小纽扣、小球等，绝对不能用钳子、镊子自己乱夹，有时越钳越深，如果是尖锐的异物，应该立即送医院急救。

异物进耳朵了怎么办

没有了耳朵，就听不到美妙的旋律，没有耳朵就无法接受外界传送给我们的信息，没有耳朵青少年将失去很多很多美好的东西，所以保护耳朵是非常重要的。如果耳朵进异物了该怎么办呢？

外耳道异物常以小儿多见。小儿常爱将小的异物如珠子、纽扣、火柴棒等物塞入耳内，夏日露宿亦偶会有小虫进耳。这时，家长千万不可惊慌失措，万不可用手指或头发卡子等物去乱掏、乱挖，以免将异物推到更深处去，损伤外耳道及鼓膜。

一般进入耳道异物体积小的，可存在外耳道里长期无症状。豆类、种子等植物性异物可吸水泡胀，阻塞外耳道致听力障碍。

小虫和水入耳一般人都有可能碰到，小物品入耳则大多为顽皮的儿童自行所为。小虫爬进耳朵里时，不要急于用手去抠，也不要用镊子等物去夹取，因为这样会促使小虫在耳内乱爬，以致伤害耳膜。正确的方法有三种：

1. 用电灯或电筒接近耳边照射外耳道，虫子多有趋光性，看见灯光后一般会自动爬出来。

2. 将香烟的烟雾徐徐吹入耳内可将虫子熏出。

3. 往耳中滴入一滴油（花生油、豆油、橄榄油、甘油均可）将虫子杀死，然后将耳倾斜一边，让杀死的小虫跌出来。最后用棉签或纱布将耳内的油擦干净。

对于豆粒等植物性异物，还可用 75% 酒精或白酒滴耳，使异物缩小以利于取出。但不能滴药液，以免异物受湿发胀，增加取出的难度。

水进入外耳道则应让头偏向患侧，使进水一侧的耳朵向下，同侧脚单腿跳跃，水便会流出；也可用干脱脂棉轻轻插入外耳道，在耳内转动几圈，将水吸尽。

如果上述方法都无法自行取出耳内异物，须及时去医院治疗。

手指戳伤的应对

在日常生活和运动中，尤其是在打篮球、排球和棒球时，时常会发生戳伤手指的事故。如果遇到这种情况的时候该怎么办呢？

手指戳伤后，一般会出现疼痛、红肿等现象，较重时可引起手指切断、指甲揭落、关节内出血甚至骨折等症状。手指被戳伤后，如果有伤口，应立即进行消毒，然后用冷湿布进行冷敷。

戳伤较重者，则临时用厚纸代替夹板卷住手指，再用绷带或布条包扎好。有出血现象者先作止血处理。如果几个手指被戳伤，则在手心中放入一个布团，然后按手握着布团的形状包扎好。伤后 48 小时即可以在伤处周围轻揉按摩，3 天后可蘸药酒或白酒直接轻揉按摩患处。或是使用推拿法治疗，但应在伤后 24 小时出血停止后进行。如果戳伤较重，出血肿胀，早期处理应以止血为主。伤后 24 小时，并且出血停止后，可以使用推拿法。此方法可以加强患处的血液循环，消肿止痛，促进恢复。如果损伤时听到清脆响声，则怀疑有关节脱位、韧带扭伤以及骨折等现象，应将手指伸直，内衬棉花，用绷带包扎固定后，及时去医院进行处理。

体育活动注意多

体育活动已逐渐成为现代人生活的一部分，尤其是青少年，对体育运动更是别有一份特别的钟爱。体育运动给青少年带来了一番新的天地。那么，参加体育活动青少年应该注意什么、又如何避免意外伤害的发生呢？

锻炼身体不能只凭兴趣和热情，如果只是盲目地锻炼，不但不能促进身体的生长发育，反而会妨碍健康，甚至会发生伤害事故，影响学习。为了使体育锻炼达到增强体质的效果，锻炼时要按以下几条要求进行：

1. 注意身体的全面锻炼。要根据自己的健康状况和身体素质，选择易行又有实效的锻炼项目。要注意全面锻炼，提高素质，使身体各部位均衡发展，只有在全面锻炼的基础上，才能提高运动成绩。对青少年来说，单项锻炼，会使身体一部分肌肉过度发育，甚至畸形发展。

2. 养成经常锻炼身体的习惯。体育锻炼要练就一项技巧，须经过勤学苦练才能学成。所以，体育锻炼要达到增强体质的目的，必须持之以恒。三天打鱼，两天晒网，就达不到好的锻炼效果。

3. 要合理安排，循序渐进。学习动作要由易到难、从简单到复杂，循序渐进逐步提高。运动量要根据自身的条件从小到大，大中小结合，有节奏地增加。逐次加大运动量和不断提高动作的难度，才能得到良好的锻炼效果。另外，要根据各人的年龄、健康水平、性别来选择适合自己的项目和运动量进行锻炼，要量力而行，不要勉强。还要注意场地是否平整、设备是否牢固、注意安全保护等。

体育锻炼前应喝适量水，排净大小便，检查和熟悉运动场地或器械，学习和掌握必要的自我保护或互相保护方法。在穿着方面，运动服装应选择质地柔软、通气性能和吸水性良好、有利于健康和身体自由活动的服装；运动鞋应选择符合自身尺寸大小、具有一定弹性及良好的通气性能、穿着舒适的鞋子，鞋跟不宜过高，并应符合季节要求和保持清洁卫生。

同时青少年也要培养体育锻炼的良好心理状态：即培养体育锻炼的兴趣性、积极性和愉悦性，使自己以一种良好的心境、欢乐的情绪投入到体育锻炼中，获得心理上不可多得的"欣快感"，从而使精神振奋、身体矫健、充满活力，促进紧张、焦虑、忧郁的消除。除了有良好的心理状态，进行必不可少的准备活动也很重要。体育锻炼前的准备活动有利于肌肉关节僵硬的消除，使身心逐渐进入竞技状态，并逐渐提高活动水平，发挥最佳运动能力和预防及减少运动创伤。

锻炼中也要做好保健,做好安全防护,防止运动损伤。锻炼时思想集中,情绪稳定,不紧张、不急躁、不粗心,正确掌握运动技术动作要领,做好运动中的自我保护和互相保护,以预防运动损伤和事故。

注意体育锻炼中的卫生。如跑步时的正确呼吸和跑步环境空气清洁卫生等。

体育锻炼后,特别是较为剧烈的活动后立即洗热水澡是有一定危险的。因为人在剧烈运动时,肌肉内的血流量增加,一旦停止运动,增加的心率和血流量还要持续一段时间。如果这时洗热水澡,就会增加皮肤内的血流量,血液会过多地进入肌肉和皮肤,结果会导致心脏和大脑供血不足,对于一个健康的人来说,其后果可能仅是一点头昏眼花,但对于那些体质较弱或有慢性病的人来说,危险就大了,弄不好会出现休克、昏厥的现象。

运动伤害需预防

运动中激情挥洒时总难免会受到一些伤害。运动中常见的伤害有运动性损伤、运动性腹痛、运动性低血糖以及运动中肌肉痉挛。遇到这些问题该怎么预防呢?

运动性损伤是指在体育运动过程中所发生的损伤。发生原因主要是青少年思想认识不足,准备活动不够,过高估计自己,心理紧张或急躁,技术要领未掌握运用好,运动量过大,身体健康功能不良(睡眠不足、情绪低落、疾病等),场地器械和气候环境等条件不佳,自我保护和互相保护意识缺乏等。

运动性腹痛泛指运动过程中或运动结束时产生的腹部疼痛,多发生在中长跑中。其原因主要为饭后立即运动,空腹锻炼,吃得过饱,喝水过多,准备活动不足,开始活动过猛过快,腹部脏器有炎症(如阑尾炎)等。

运动性腹痛的预防:针对不同病因进行预防,如,运动前不宜过饱过饥,饭后休息后才能运动;运动前应进食易消化及含糖高的食物,不宜吃油炸、油腻、易产气、难消化的食物;夏季补充盐分,冬季注意腹部保暖;做好准备活动和整理活动,动作不要太猛,呼吸节奏与运动节奏相一致;不要突然加速或变速跑；及时治疗腹部脏器炎症。

运动性低血糖症是指血糖浓度低于正常值时出现的一系列临床症状。其原因是长时间剧烈运动或运动前饥饿所致，情绪过于紧张或身体有病都可成为本病诱因。

运动性低血糖的预防：锻炼前应进食，不空腹锻炼；体弱和缺乏锻炼者不宜参加长时间、长距离和大运动量锻炼；当自觉饥饿明显或出现低血糖症状时，应停止锻炼或降低运动量，并及时补充糖水或含糖食物。

运动性肌肉痉挛是指肌肉不自主的强直收缩，在运动中（含游泳中）最易发生痉挛的肌肉是小腿腓肠肌，其次是足底的屈拇肌和屈趾肌。发生原因是运动时大量排汗、局部肌肉疲劳以及寒冷刺激引起肌肉不自主连续收缩痉挛所致，常表现为局部肌肉坚硬或隆起并伴剧烈疼痛。

运动性肌肉痉挛的预防：

1. 加强锻炼，提高适应能力，运动前充分做好准备活动，特别在寒冷环境中锻炼时，尤需注意这点。对易发生痉挛的肌肉，进行适当的按摩。

2. 冬季注意保暖，冬泳不能在水中过长时间不活动，夏天游泳如水温较低时，游泳时间不宜过长。

3. 夏天出汗多，注意喝些盐开水，补充丧失的电解质。

4. 疲劳时，不宜长时间剧烈运动。

女生锻炼的注意事项

10 岁以前，男女孩在机能素质（常以握力、拉力、背肌力和肺活量等表示）方面没有显著差异；10 岁以后，差异逐渐明显，而且年龄越增大，女孩落后的差距就越大。18 岁时，女孩的肺活量往往只及男孩的 70%～75%，速度和速度耐力只相当于男孩的 80%，腰腹肌力量相当于男孩的 65%，下肢爆发力相当于男孩的 75%，而臂肌静止性耐力只有男孩的 30%～35%。这些差距之所以产生，与女孩在形态、功能方面的相对不利因素有关。例如，肌肉少，肌力弱；肺容积小，肺通气和换气能力低；心脏收缩力弱，心输出量小；躯干相对长，下肢相对短；骨盆比较宽，重心相对低。这些，既限制了她们奔跑、跳跃的能力，又妨碍她们参加负重、持久性运动项目的发展。

青春期发育一开始，女孩的皮下脂肪逐渐增加，这会加大身体各部分的惰性，破坏动作的灵敏性和协调性。这在参加需要克服自身重量的一些运动项目，如屈臂悬垂和仰卧起坐中，表现得尤其明显。

针对上述客观差距，在运动量、运动密度和强度上，男、女生要区别对待。女生要多练习一些体操、平衡木、高低杠、长跑、游泳等项目，这是因为女孩的柔韧性好，平衡能力强，所以在平衡木、体操等方面是强项。同时，还可借此机会锻炼薄弱的腹肌、腰背肌、肩带肌和骨盆底肌。

此外，身体在形态、机能和内分泌方面的激烈变化，也需要一段适应。运动使身体出汗，身体缺水时需要补充水分，有些人为了痛快，便大量饮用冷饮，认为这样解渴。其实这样做是不对的，而且有伤身体。人在运动时产生的热量使胃肠道表面的温度急剧上升，有时可高达40℃左右。在这样的情况下如果为了一时痛快，大量饮用冷饮，胃肠道血管便会在强冷的刺激下收缩，减少腺体分泌量，导致消化不良，有的可能引起肠胃痉挛、腹痛，严重者可能形成溃疡、胆囊炎等疾病。

月经对女性来说，各人的反应不一样。有的没反应，有的反应轻，有的反应重。如经前、经期有腰酸、轻度浮肿、情绪不安、精神倦怠、疲乏无力等，一般不影响正常学习、生活。也有少数人，每次来月经发生痛经，或月经紊乱，月经量过多或过少，产生紧张恐惧的心理，对一切都不感兴趣，影响学习。因此，反应小的人可以参加些轻微、量小的体育锻炼，如广播操、乒乓球、羽毛球等，活动时间可短些，速度慢些。适量的活动，会促进盆腔的血液循环，减轻腰酸腹痛的症状。

月经期不宜参加打篮球、短跑等剧烈的活动。否则会使盆腔更加充血，出现流血过多或经期延长的后果。月经期，固定生殖器的韧带充血变得松弛，剧烈活动，可能会把韧带扭伤而造成子宫移位，影响月经的周期，甚至引起盆腔炎、贫血等疾病。

月经期更不能游泳，因为这时子宫口开放，易感染，也不宜受寒、受冷刺激，以免引起经血过少或闭经。少数女性月经反应较大，应及时找医生诊治。

较适宜的体育锻炼时间是早晨、下午两节课后或傍晚前。中午及睡前不适宜进行剧烈的体育锻炼。早晨锻炼时间不宜过长，运动量不宜太大，以免过度疲劳或兴奋，影响一天的学习和工作。早晨运动项目可选择简便易行的户外活动，如跑步、做操等，以活动肢体，锻炼心肺功能。下午第二节课后或傍晚前的体育锻炼被认为是一天中最佳的体育锻炼时间，此时可安排较大的运动量，时间以 1 小时左右为宜。

体育课中的注意事项

体育课在中小学阶段是锻炼身体、增强体质的重要课程。体育课上的训练花样很多，为了避免身体受到伤害，青少年应该注意以下事项：

1. 上体育课时应该穿运动鞋，不要穿皮鞋，尤其是女生，切忌穿高跟鞋。

2. 做运动前，衣服上不要别胸针校章等。女同学要摘下发卡以及所有金属或塑料饰物，千万不要在衣裤里装小刀等尖利的物品。

3. 戴眼镜的同学如果能摘下眼镜上体育课的，最好不要戴眼镜。

4. 在进行投掷训练的时候（如投手榴弹、铅球、铁饼、标枪等），一定要按老师的口令进行，不能有丝毫的粗心大意。否则就很有可能发生危险。

5. 参加篮球、足球运动等项目的训练的时候，要学会保护自己，可不要在争抢中蛮干而伤害到他人。

6. 进行短跑等项目训练的时候要按照规定的跑道进行，不要串跑道。

7. 前后翻滚、俯卧撑、仰卧起坐等垫上项目训练时，做动作要严肃认真，不要打闹，以免发生危险。

中学生在运动中容易发生的外伤情形主要有几种：流血、骨折、脱臼、撞伤、挫伤、扭伤、戳伤等。大量出血的时候，应立即进行止血处理；如果怀疑是骨折，则应采取相应的处理方式（参见第八章）；如果是轻度的撞伤或挫伤，可以用冷湿布镇静疼痛或肿痛的部位。但如果撞伤严重，或是头、胸、腹等部位受到较大的撞击，都应特别小心注意，因为这有可能会出现内出血或内脏损伤的危险。严重的体育运动外伤，都应在进行初步救护的同时，向急救中心呼救或是视伤情送往医院救治。

体育锻炼的十大禁忌

体育锻炼可以给身体带来健康，给心理带来愉悦，但不正确的体育锻炼却也会伤害身心。以下是体育锻炼中的十大忌讳：

1. 饭后不要剧烈运动

饭后运动有弊无利，是体育保健的大忌之一。饭后运动给胃增加了刺激，上下左右的颠簸震荡，很容易使人发生恶心、呕吐，久之会引起胃病。饭后，胃肠分泌大量消化液以消化和吸收食物，而且蠕动频率加快，其他器官也加强了工作量，吸收营养，排除废料，这些都需要有大量的血液供应。如果饭后运动，肌肉、骨骼也需要大量的氧气和能量，也需增加供血量，双方争着要血液，结果是摄取的食物得不到充分的消化吸收，骨骼肌肉也供血不足，最终造成两败俱伤。饭后忌运动，并不是绝对的不动。"饭后百步走，活到九十九"也是有道理的。这里指的饭后忌"运动"，是指大运动量和激烈的运动。适当的活动还是应该的，也是必不可少的。而大运动量和激烈的运动，在饭后1小时胃内食物入肠后开始进行比较适宜。

2. 长跑忌快速

从运动医学研究的角度看，健身长跑忌快速。因为，慢速长跑能预防、延缓或减轻动脉的粥样硬化，减少心绞痛的发作，有利于心脏血管病患者康复，并能使体弱的人增加食欲、精神爽快和体重增加。如果运动量过速，就会加重心脏负担，影响身体健康。所以，健身长跑宜慢速。

3. 晨跑忌空腹

清晨空腹锻炼不仅会引起植物神经功能失调，日子长了还会引出某些生理功能紊乱。专家们测定，人在睡眠的时候，皮肤和呼吸器官仍在散发水分，加之小便，体内实际上是处于缺水状态，使血液浓缩，而血管却因睡眠中血流减少相对地变得细小，清晨锻炼如不给肌体补充水分，使血流不畅、新陈代谢缓慢，运动量一大，便会发生低血糖症状。同时，晨跑中加之呼吸加快，出汗排水，肌体缺水状态加剧，造成咽喉干燥疼痛，口角发炎，嘴唇干裂，两便不畅，甚至便秘。

晨练运动量大的人，可饮些淡糖水或淡盐水。这样做不仅会防止肌

一　学校中的安全

13

体"水平衡"紊乱引起疾病发生，而且还会降低血液浓度，使动脉管变宽，血液循环流畅，有预防高血压、脑溢血、脑血栓、心肌梗塞等疾病的功效。

4. 晚练忌长跑

因为长跑或剧烈运动使血流量加大，大脑皮层兴奋，很难安静入睡。身体过度疲劳，也会影响睡眠质量。睡眠不好，精神不佳，又会影响工作和学习。如此恶性循环，会出现过度疲劳症，有损身体健康。

5. 长跑忌急停

人经过一段较长时间的运动锻炼，如果突然停止，血压就会明显下降，血压中的去甲肾上腺素和肾上腺素比正常情况下分别增加10倍和2倍。这种化学成分在血液中的变化又具有加速心跳、加强血管收缩和升高血压的作用。这种变化产生了急骤的矛盾：一方面是血压下降很大，一方面是人体释放大量激素千方百计要恢复血压。两种"势力"相斗的结果是：血压急下急上，心脏负担增大，心律失调，甚至可能导致猝死。长跑时除根据每个人不同的身体状况掌握适当的距离和速度外，千万注意长跑后忌急停，这样才能防止血压大幅度升降，使心脏得到调节。

6. 跑步忌用脚跟着地

这个要求有两个原因：一个是脚跟着地跑不快；另一个是脚跟着地跑，对身体有不好的影响。脚跟着地跑，着地所产生的反作用力是向上和向后的，而且由脚跟再转变到前脚掌向后蹬地的时间也长，这样就影响水平前进的速度，跑起来一跃一跃的，速度慢。用脚跟着地跑，得不到足弓的缓冲，所产生的震动大，会使身体各部位包括脑和内脏器官受到震动，也容易引起膝关节的损伤，还会使脚后跟皮下脂肪垫受损，引起脚后跟痛的毛病。因此跑步时不能用脚跟着地。

7. 长跑忌不及时脱穿衣服

长跑时要注意脱穿衣服。初练长跑的人，一般抗寒能力较差，不要过早脱去衣服。长跑结束后，要及时穿上衣服，注意保暖，以防感冒。若衣服已被汗水浸湿，要擦干身上的汗，换上干燥衣服，不要怕麻烦、懒得脱穿，也不要自以为身体好，麻痹大意。

8. 运动后忌马上洗冷水澡、游泳、吹风或用空调

有的少年图一时痛快，剧烈运动刚一结束，马上就用电风扇吹，进入空调室或在阴凉风口处乘凉。这会带走很多热量，使皮肤温度迅速降低；同时通过神经系统反射活动，会引起上呼吸道血管收缩，使局部抗病力量下降，于是寄生在上呼吸道黏膜上的细菌病毒就会乘机大量繁殖，引发感冒、伤风和气管炎等疾病。有些人剧烈运动后立即就下水游泳或进行冷水浴，由于体表温度和水的温度相差悬殊，这样极易发生小腿抽筋。因此剧烈运动后应先擦干汗液，等汗不再出时，再进行游泳或冷水浴。

9. 运动后忌大量喝水

剧烈运动后如果因渴一次性喝水过多，会使血液中盐的含量降低，天热汗多，盐分更易丧失，降低细胞渗透压，导致钠代谢的平衡失调，发生肌肉抽筋等现象。由于剧烈运动时胃肠血液少、功能差，对水的吸收能力弱，过多的水分渗入到细胞和细胞间质中。脑组织是被固定在坚硬的颅骨内，脑细胞肿胀会引起脑压升高，使人头疼、呕吐、嗜睡、视觉模糊、心律缓慢等"水中毒"症状。一次性喝水过多，胃肠会有不舒适的胀满感，若躺下休息更会因挤压膈肌影响心肺活动。所以剧烈活动后口渴也不可喝水太多，应采用"多次少饮"的方法喝水。

二　家庭中的安全

学习预防家庭火灾的常识，掌握电线电器起火、油锅起火、液化气起火等不同情况下的处理方法。家里发生火灾时，如果有浓烟，应用湿毛巾或衣物捂住鼻、口，尽可能俯身或爬行出门，开门时用衣物或毛巾将手包住，以免烧热的门把烫伤手。

厨房安全须知

青少年逐渐长大了，应该学做一些家务事，当然，在厨房做家务的时候，一定要小心。厨房是烧水、做饭的地方，除了有炉火、刀具，还有瓶瓶罐罐等，是比较容易发生危险的地方。

烫伤是厨房中最常见的事故。在厨房做饭、烧水，总要与热锅、热油、热水打交道，开水温度高达100摄氏度，热油的温度更高，如果溅在皮肤上，就会发生烫伤。因此，从火上端锅时应先在手上垫上布，或先戴上防烫手套；端下后应放在不易碰到的地方。帮助别人拿碗、端菜时也注意不要碰到热锅。父母长辈炒菜或煎炸东西时，不要上前打扰或在周围玩耍，以防溅出的热油烫伤。高年级同学可以学着炒菜，但要特别小心，精神要集中。另外注意不要把水滴溅到油锅里，因为热油遇到水会飞溅起来，也会把人烫伤。

煎鸡蛋很好吃，但要注意，类似鸡蛋、元宵等食物，在煎、炸过程中常常会鼓起气泡，气泡崩破能使热油飞溅，非常危险。所以，即使是大孩子，也不要自己贸然做这些事情，应该在大人指导下学着做。油是易燃物，在高温下会燃烧。所以，锅内烧上油时，不要离开，以防油烧得过热起火。

【无故不居危】
——远离危险

万一锅中的油起火，也不要慌张，迅速用铁盖或者铝盖盖在锅上，然后将锅从火上移走或者将火关灭。

因为可以节省时间，现在许多家庭都使用高压锅。用高压锅做饭为什么比其他锅快呢？因为在高压下加温，锅内的温度远远高于普通锅的温度。由于它的压力很大，温度又高，所以很容易烫着人。当高压锅放在火上，或刚从火上被端下来时，青少年千万不能动它，特别是不要拔上边的压力阀。大一点的同学，可以试着使用高压锅，但要有大人监督指导，使用前要先检查一下锅盖的通气孔是否通畅，安全阀是不是完好无损。给高压锅加上压力阀以后，不要随便动它。烧好东西，不要急于打开锅盖，一定要等里面的气体全部释放完再打开。

当青少年刚学洗碗、做饭的时候，大人们总是一遍遍地叮嘱：碗要放整齐，用力要小心，调料瓶用完要拧好盖放回原位……这样的"唠叨"是很必要的。因为，厨房中的各种刀具、瓶瓶罐罐、瓷碗、瓷碟、还有调味品、洗涤剂等，如果摆放得杂乱无章，或做事毛手毛脚，就可能发生划伤、砍伤、误伤等事故。所以，不论是放置东西还是做事，都要井然有序。漂白剂、洗涤剂、去污粉之类的东西是不能食用的，所以摆放时要注意与食品、调味品分开。

杀灭害虫的药剂有的有剧毒，不要和食品、调味瓶放在一起；即使是微毒的药剂也一定要在器皿上作出明显的标记，远离食物，以防误食中毒。

玻璃瓶要放在稳妥的地方，以防碰倒打碎。从柜橱中拿东西要小心，不要碰碎其他的东西。年纪小的同学，如果够不到柜子上的东西，最好请大人帮助。

用刀削皮、切菜时，精力要集中，不要拿刀比划着说话，更不可拿刀开玩笑，否则是很危险的。刀刃很锋利，放刀时刀口不要对着人手活动的方向，以防划伤。另外，刀子暂时不用，要放在安全的地方，特别要注意不要突出在案板外面，否则，万一碰下来，很容易出现事故。刀具用完，应及时放回原处。

正确使用电器

现代家庭实际上成了电器的天下。彩电、冰箱、空调……当它们接通电源以后都带有一定的危险性，所以使用时一定要格外小心。特别当青少年朋友对电器性能和用法不太了解的时候，更不可贸然行事，应在大人的指导下学习使用，以防触电或弄坏电器。电吹风、电熨斗、电烙铁、电饭煲等家用电器，通电以后电流较大、温度很高，容易发生触电与烫伤的危险。所以，青少年不要独自使用，大人使用时不要在附近玩耍。电风扇、洗衣机等电器，通电以后扇叶、脱水筒转动很快，碰到手指或其他地方是很危险的。所以在它们转动时，千万不要将手插进扇叶、脱水筒里去。遇到雷雨天气时，雷电会击中室外天线。因此，雷雨天不要开电视，一定要拔掉天线插头，防止雷电击伤人或电器。

随着家用电器的普及应用，正确掌握安全用电知识，确保用电安全至关重要：

1. 不要购买"三无"的假冒伪劣家用产品。

2. 使用家电时应有完整可靠的电源线插头，对金属外壳的家用电器都要采用接地保护。

3. 不能在地线上和零线上装设开关和保险丝。禁止将接地线接到自来水、煤气管道上。

4. 不要用湿手接触带电设备，不要用湿布擦抹带电设备。

5. 不要私拉乱接电线，不要随便移动带电设备。

6. 检查和修理家用电器时，必须先断开电源。

7. 家用电器的电源线破损时，要立即更换或用绝缘胶布包好。

8. 家用电器或电线发生火灾时，应先断开电源再灭火。

正确使用家庭清洁用品

目前市场上出售的家庭清洁用品可谓琳琅满目，根据用途，这些产品大致可以分为衣物清洁用品、蔬果清洁用品、厨卫清洁用品、墙地清洁用品几大类。其成分结构各有不同，如洗衣粉的成分有月桂醇硫酸盐、多聚磷酸钠及增白剂等；洗涤餐具、蔬菜、水果的洗涤剂的主要成分是碳酸钠、多聚磷酸钠、硅酸钠、表面活性剂。如果使用不当，这些化学合成物会对人体造成一定的伤害，某些化学物混合后还会发生化学反应，引起人体中毒或其他意外事故。家庭清洁用品是青少年日常生活中使用接触较多的化学产品，掌握正确的使用方法十分重要：

1. 不能使用洗衣粉洗涤餐具，洗衣服时也不能用量过多。洗衣粉的安全剂量为 10 克左右。如果浓度过高，洗衣粉会通过皮肤进入人体，对人的肝脏和心血管系统产生不良影响。误服洗衣粉，可出现胸痛、恶心、呕吐、腹泻、吐血、便血、咽喉疼痛等症状。由于洗衣粉具有较强的去污性，能把人体的油脂洗掉，引起皮肤干燥，部分人有刺痛的感觉和其他过敏症状，所以一次使用洗衣粉不能过多，更不能用洗衣粉洗头、洗澡。

2. 使用专用的洗涤剂洗涤蔬菜、水果、餐具时，浸泡的时间不能过长。洗后要用流水冲洗干净。有些人误以为蔬果、餐具洗涤剂有消毒作用，在最后冲洗时只是马马虎虎地涮几下，致使蔬果、餐具上残留有洗涤剂。

3. 使用任何一类清洁用品时，都不要将两种或两种以上的产品混合使用，以免产生化学反应。

远离煤气中毒

青少年必须学会煤气中毒的预防和救治。

煤气中毒又称一氧化碳中毒，凡含碳的有机物质，如煤、石油、木柴等燃烧不完全时都能产生一氧化碳 (CO)，炼钢、炼铁、炼焦过程中也可产生一氧化碳。此外，日常生活中，用火炉、煤炉取暖时，缺乏通风排烟设备或设备陈旧失修，在使用煤气红外线取暖器时，缺乏安全使用知识或产品本身不合规格，都有可能发生一氧化碳中毒事故。

煤气中毒的症状：因吸入一氧化碳所致，可分为轻、中、重三度。血液中碳氧血红蛋白 10% ～ 20%，可见头痛、眩晕、心悸、恶心、呕吐、四肢无力等症，脱离中毒现场，吸入新鲜空气后症状迅速消失者为轻度中毒；血液中碳氧血红蛋白 30% ～ 40%，在轻度中毒症状基础上，出现昏迷或虚脱，皮肤和黏膜呈樱桃红色，尤以面颊部、前胸和大腿内侧明显者为中度中毒，抢救及时可较快清醒，愈后较好；重度中毒者血液碳氧血红蛋白 50% 左右，出现深昏迷，各种反射消失，大小便失禁，其愈后不良，常留有后遗症。

煤气中毒的预防。在寒冷季节室内生炉取暖时，应装置排烟管道，让烟气充分排出；用煤气红外线炉时，橡皮管要不漏气，临睡前，一定要关闭煤气。产生一氧化碳的车间，要加强通风，并用一氧化碳快速检气管定期检测车间空气中一氧化碳浓度。对工人加强安全教育，普及急救知识，进行自救互救。在煤井下开采煤层时，要经过充分的通风排气后，工人方可进入作业区。

煤气中毒的治疗：对煤气中毒者，应先将患者撤离现场，移至空气新鲜、通风良好处，若呼吸停止，宜立即进行人工呼吸。对呼吸抑制者，可使用呼吸兴奋剂，如尼可刹米、山梗菜碱等。同时应加强对症治疗。昏迷者应注意吸出口腔及呼吸道的分泌物，以保持呼吸道通畅。应尽快给患者吸入纯氧或含 5%二氧化碳的氧气，有条件者，应尽快进行高压氧舱治疗。还可配合针刺太阳、列缺、人中、少商、十宣等穴位进行治疗。

触电的症状和类型

随着社会的发展，电器越来越多地进入家庭，电与青少年生活的关系越来越密切。由于不懂用电安全、随意布线、违章操作、超负荷用电等，引起触电的麻烦也就越来越多。因此，青少年需要掌握家庭用电安全。

触电，是指人体触到电流后所受到的伤害过程；触电过程结束后身体遗留的症状和损害称为电击伤。轻度触电可使人精神呆滞、面色苍白、呼吸心跳加快，触电局部发麻，有时还会因灼伤而出现水肿等。重度触电时，会因呼吸肌和心肌痉挛而出现快而不规则的呼吸、心跳快、心律不齐及心室的纤维性颤动，与此同时血压下降，随即转入休克或假死状。当手部触电时，局部肌肉在电流作用下造成强直收缩，以致手无法松开，所以手掌面的灼伤、烧伤常很严重，又由于人常在触电时摔倒或从高处摔下，所以发生骨折等外伤也很常见。

触电的类型可分为：

1.一相触电。人体接触一根电线，电流从人体触电处通过至全身，这种情况的触电叫一相触电。这在日常生活中多见，如湿手摸开关、摸灯口而引起的触电。

2.跨步电压触电。电线断落于地面时，就会以断落处为中心，形成大小不同的同心圆的电场。当人步入这个同心圆中，就会触电。一般在电线落地点为中心的 10 米以内，人步入时就可触电，而且离中心越近，电压越高，危险也越大。

3. 雷击。自然界中的雷击，也是一种触电。多在大雨闪电雷鸣，人在山坡上行走，或在树林里、高大建筑物下躲雨时发生。由于雷击时电压高，电流量大。

触电的急救

触电的时候首先应迅速关闭电源开关，切断电源，或者用不导电的物体（木棒、竹竿及其他绝缘物）将电线挑开。在电源未切断前，不要直接拖拉伤员，以防救护者也触电。抢救时要镇静，保持头脑清醒。例如，当把电线挑开后，虽然伤员已不再接触电源，但电线仍是带电的，须防止其他人有再度触电的可能。将伤者迅速转移到安全地点，解开上身衣扣，使其前额仰起并抬起下颏，清除口内黏液，保持呼吸道通畅。有呼吸、心跳停止现象的，立刻执行心肺复苏抢救（如口对口呼吸和胸外按压心脏），而且两者应协调进行，一般每呼一口气，应做 4～5 次心脏按压。抢救要坚持不懈，不能放松，直到医务人员来到。许多伤员处于假死状态，只要坚持下去，常有复苏希望。现场人员可一边坚持抢救一边派人调查了解触电原因。例如，低压电流首先使心搏骤停，而高压电则因造成对中枢神经的强刺激而先导致呼吸停止，了解这些背景对抢救帮助很大。呼吸、心跳恢复后，抢救仍未完全结束，因为循环衰竭引起的脑水肿、酸中毒和血压过低现象仍待尽快纠正，所以应该送医院作进一步治疗。对电烧伤的治疗原则与前面提到的烧伤抢救是大体相同的，但补充的液体量应更多些，尤其要注意尽快纠正酸中毒。伤员完全苏醒后，再全面检查以了解是否有骨折、脑震荡和内脏损伤等症状，以便对症治疗。有手掌面的电灼伤、皮肤的大面积烧伤等应妥善包扎处理，防止细菌感染而且应及时注射破伤风抗毒素。

触电的预防

触电对青少年人群危害很大，而青少年发生触电事故的最重要原因是缺乏安全用电知识。

在学校健康教育活动中，通过讲解知识和介绍实例等方式，让青少年了解触电原因非常重要。例如在日常生活中常见因湿手摸开关、摸灯口、触及裸露电线等引起的触电现象。这是因人体接触单一电流而造成电流通遍全身所引起，所以称为单相触电。有时，电线断落在地下，则以此为圆心的方圆 10 ～ 12 米圆圈内会形成一个电场，走进该圆内时往往会触电，而且越离圆心近或该圆心内有积水（水是良好的导电体）就越危险，通常将此称为电场触电。有些绝缘设备差、粗制滥造的机电产品也会引发这种性质的触电。还有一种触电原因是高压电或雷击，常发生在高压输电设备障碍，或是雷雨时在孤立的树木下躲雨所引起。这种触电因为电源的电压高、电流量大，所以后果常比较严重。

通过安全用电知识的普及，青少年们如果能注意以下 10 个方面，不仅将大大减少触电事故的发生，同时也能减轻因不慎触电而造成的不幸后果：

1. 不要用湿手触摸电器开关；

2. 不要在电线下放风筝、用竹竿打鸟等；

3. 不要在高压供电设备附近休息或玩耍；

4. 离开教室以前要关闭所有电源；

5. 使用久置不用的电器前要先请电工师傅提前检查修理；

6. 电器周围有积水应及时清扫，清扫前先切断电源；

7. 发现有断落电线时要及时向供电部门报告；

8. 雷雨时不要在树下避雨；

9. 学会在同伴遭遇触电时正确的解救及使其脱离险境的方法；

10. 学习并掌握触电时的急救基本知识。

安全用电

近年来，家用电器越来越普及，家用电器的品种不断增加，许多青少年都有了使用和接触家用电器的机会。在日常生活中，年龄稍大的中学生有时也动手换灯泡，安装电源插座、插头。如果不具备基本的用电安全知识，就有可能发生触电、漏电和电气火灾等事故。因此青少年必须做到：

1. 电器用具要合适

首先是电压大小要合适。我国绝大部分地区的民用电压都是 220 伏，所生产的电器产品也主要使用 220 伏电压。但是有一些家庭使用的电器是从国外进口的，所以要检查电压大小是否相符。电压不符，不但会烧坏电器，还可引起触电。其次是电流大小要适当。电线、开关、灯头、插座等电器用具所能容许通过的电流都有一定的限度，用电超过了设备的规定，就会有危险。如把台灯、收音机等的普通插座用来插电炉上的插头，或者在同一个灯头上接上很多电器用具，插座或灯头线都有被烧坏、烧焦和产生漏电的危险。

2. 正确安装电器用具，包括线路、电线接头和电源插座

市场有许多电源插座是不符合国家颁布的安全标准的。选购时除了查看是否有长城形状的标记外，还要验明是否为 1997 年 2 月 1 日（国家颁布实行电源插座安全标准之日）以后的产品。安装电器用具时一定要切断电源。换灯泡时也要把开关关掉。

家中的保险丝不能乱换，一旦选用不当或是用一般的铜丝、铁丝代替，线路长期超负荷而使其熔断，势必烧坏绝缘层，容易发生危险，引起火灾。

3. 注意对电器用具的使用

（1）防止碰坏电器的绝缘体，不要用图钉或铁钉将电线固定在墙上或家具上，须使用绝缘体；电风扇、电熨斗、落地灯等可移动的电器用具的电线，使用中要注意防止损坏和发生漏电；电灯不应经常吊来吊去，以免电线皮磨损折裂，发生触电。

（2）防止绝缘体受潮和受高温烘烤。台灯、收音机等的电线不要放在潮湿的地上，或使电线沾水。在电线下面不要生火或安放炉灶，以免电线绝缘体被火烤焦而发生危险。

（3）不要去碰已露出的带电部分。开关盖子坏了，要找人修理，切不可用手去碰，即使里面没有电，也不要碰。螺丝灯头的灯口露出的铜皮，或灯泡的拧进螺丝尚有一部分露在外面，也不要去动它。

牢记安全标志

1. 非饮用水

表示此水不能饮用，仅用于农业、工业等其他方面。

2. 禁止用水灭火

表示这里存放着遇水会爆炸的物质或用水灭火会对周围环境产生危险，灭火的时候禁止用水。

3. 危险物标志

表示此处放有危险物品，请勿靠近或触摸。

4. 禁止攀登标志

杜绝攀登专业人员上下的铁架，此处临近高压变压器，攀登会有危险。

无故不居危

——远离危险

5. 禁止靠近标志

表示此处有高压电线，靠近有危险。

6. 禁止触摸标志

表示此处可能会有电，或有其他不能触摸的物品。

7. 禁止合闸标志

表示此处的闸不能合上，有工作人员正在作业，如果合上闸会产生触电危险。

8. 禁止启动标志

表示此处的按钮不能按，工作人员正在操作或按钮按下会发生危险。

三 珍爱生命，安全出行

Tips——青少年安全小提示

1.外出时，遵守交通规则，尽可能结伴而行，并告诉父母目的地、回家时间和同行伙伴。不坐超员车辆、非法营运车辆、无牌照车辆，不搭乘陌生人的顺路车。学生假期返乡不带大量现金，人多拥挤时，不要只顾抢购车票而忽视财产安全。

2.不要到河流、湖泊、水库、沟渠等水边玩耍，以防溺水。

人的生活都是由吃、穿、住、行组成的。出行是人们生活中的重要内容，学习、运动、旅游等都离不开交通。人每天都穿梭在来来往往的车辆当中，因此遵守交通规则是青少年应尽的责任和义务。

行走的安全

青少年走在道路上，难免会发生一些意外事故，因此青少年必须遵守交通规则，注意安全。没有人行横道的地方，要靠路边行走。同学在大街上旁若无人地行走打闹是很危险的，青少年要清楚地意识到生活在都市中，大街上绝对不是打闹的地方，首先是不安全，其次也影响别人。特别是低年级的同学外出时，更要特别注意，最好由家长或老师带领；在没有独立的行走能力时，千万别单独在大街上行走。集体外出活动时，必须要在老师的带领下有秩序地排队前进。不要三五成群，打闹、嬉戏，或做其他活动。实行小黄帽队别的，要戴好小黄帽，持"让"字牌列队行走，每横列不要超过两人。戴小黄帽同样要遵守交通规则，切不可有了小黄帽就可以在道路上横冲直撞。在道路上行走时，如有人从马路对面招呼你，不要贸然横穿马路。可以在路旁等候或经人行横道横过马路。

交通部门为行人横穿马路设置了专门的穿越道，如人行道、人行过街天桥和地下通道，从这些通道横过马路十分安全。在郊区或其他没有人行横道的地方，横过马路就要讲究方法了，主要是要注意避让车辆。过马路时，先看左边有没有车辆，如果无车辆驶来，可迅速走到马路中间；再看看右边有没有车辆，没有车辆就可以迅速通过。

在车辆多容易发生交通事故的路段，交通部门在马路中间设置了交通护栏。有许多青少年朋友图省事，怕绕路，上下学经常跨越栏杆过马路。这样做，实在太危险。因为驾驶员反应再快，猛然发生的事情也会措手不及。通过有交通信号控制的人行横道，要遵守信号灯的规定：绿灯亮时，可以通过；绿灯闪烁时，不要进人行横道，但已进入人行横道的，可以继续通过；红灯亮时，不准行人通过。从路口经人行横道横过马路时，要养成看指挥信号的习惯。红灯亮，禁止车辆通过时，可以横过马路。但仍需要注意往来车辆，千万不要以为是红灯，交叉路上没有车辆驶过，就可以横行穿越马路。

自行车安全须知

目前在我国，自行车是大多数人主要的交通工具。骑自行车也成为中学生们喜爱的一种交通方式和运动方式。随着骑自行车人数的增加，自行车肇事率也在上升，许多骑车的学生成为自行车车祸的祸首或受害者。所以，青少年骑着自行车汇入滚滚车流之中时，必须百倍警惕，严守交通规则。

自行车几乎伴随着青少年朋友的整个成长过程，自行车是青少年的亲密朋友，因此安全性显得特别重要。骑自行车必须注意和遵守的是：

1. 在划分机动车道和非机动车道的道路上，应在非机动车道行驶。没有划分车道的道路，自行车应靠右边行驶。

2. 自行车的车闸、车铃要齐全有效，平时注意检查、维修、保养。

3. 自行车拐弯前要放慢速度，向后瞭望，伸手示意，不准突然猛拐，不要任意超车，在自行车车流中横冲直撞。不要双手离把，与同行的骑车人勾肩搭背，或是手攀机动车辆，也不要手中持物。

4.不要逆行，不要骑车带人，不要车载重物或体积较大之物。

5.学车或练车时，要在无人无车的空地上进行。有些男学生喜欢在路沿路坎或崎岖的山路上练习山地车，这时要注意不可妨碍路人，也要小心保护自己。

造成中学生自行车车祸的原因，主要是平时缺乏教育，安全意识淡薄，不遵守交通规则。平时我们常可以见到，一些青少年在马路上骑"飞"车，横穿马路、强行超车、嬉戏打闹、骑车带人，等等。他们自我表现意识较强，把自行车当做施展"才华"、表演"技能"的"道具"，互相追逐，互相"逼车"。这样便很容易造成车祸，或是伤了他人，或是害了自己。所以，加强安全意识教育是极为重要的。家长也要时刻关心子女的交通安全，除了敦促他们注意遵守交通规则外，还要帮助他们检查和保养自行车，保证闸灵铃响。雨雪风天以不让孩子骑车上下学为好，要改乘坐公共汽车或步行。最重要的一条，是严守公安部门的规定，不让年龄未满12周岁的学生骑车上马路或街道。

在骑自行车的时候青少年必须做到：不在马路上学骑车。未满12周岁的儿童，不准在道路上骑自行车、三轮车与推拉人力车。骑自行车要遵守交通法规，不可以走机动车道。在没有划分中心线和机动车、非机动车道的道路上，要靠右边行驶。行驶中不蛇行，不闯红灯。行经交叉路口时须注意转弯来车，同时要伸手示意减速慢行。要经常检查车铃、车闸能否正常使用。骑自行车千万不可攀附车辆行驶。带人带物要遵守当地交通部门的规定。千万不可在马路上表演车技，如双手离把、追逐赛车或相互别车。骑车时不可一手打伞，一手扶把。

安全乘坐汽车

机动车是日常生活中比较常见的交通工具，它们与青少年的生活、学习密切相关，随着高速公路、铁道机动车的迅速发展和普及，机动车意外事故也在不断地上升。因此，青少年学会自救、互救常识就显得尤其重要。

汽车是青少年朋友最常看见也是最常用的交通工具，所以在乘坐的时候也需要特别的注意。首先，不能携带汽油、酒精、爆竹等易燃易爆危险物品乘车。车辆行驶过程中，不要将身体的任何部分伸出车外，也不能手持木棍等物伸出车窗外。否则容易被同向或反向驶来的车辆剐撞，或是被树木、建筑物剐撞。乘坐货车(尤其是敞篷货车)时，应该蹲在或坐在车厢内，不能坐在车厢栏板上，更不能站立；否则容易被抛出车外。汽车行驶当中，最好不要吃东西，尤其是糖豆、花生一类的食品，它们容易在汽车晃动时呛到气管中。在车上吃东西也容易受到细菌的污染。不要将玻璃瓶、罐头盒等物品扔出车外，以免伤人。车辆到站停稳后依顺序上下车。

安全乘坐火车

青少年长途旅行，一般是乘坐火车。火车具有快速、方便、准时的特点，也较少发生交通事故。不过要真正做到旅途平安，乘坐火车时还要必须注意几点：

1. 加强时间观念

一般应于火车开动前 30 分钟至 1 小时提前进站，以免因人多拥挤和寻找检票口而耽误上车时间。中途换乘其他车次的火车，如果时间紧张，应办好相关的手续，确认检票口之后，再去做其他的事情。火车每到一站，都有几分钟至十几分钟的停车时间，乘客可根据情况到站台上活动活动身子、呼吸新鲜空气或是购买食品，这时要注意列车的发车信号，不要跑得太远而被丢下。

2. 注意旅途安全

从小站上车，也要通过检票口，不能自行穿过铁道或其他障碍物上车。不要钻车窗，不要跳车。火车行驶时，不要将头部或四肢伸到窗外。不要向车外扔杂物，以免伤人及污染环境。到茶炉间打开水或是在座位上喝开水时，都应特别小心，因为火车的晃动容易使人站立不稳，也容易使杯中的开水泼出。行李要放在行李架上，并注意是否摆好。行李中不能带有易燃易爆等危险物品。

3. 讲究旅途卫生

列车上人多拥挤，增加了疾病和细菌传播的机会。除了饭前便后洗手外，还要多喝水。最好能自带一些治疗痢疾等急性传染病和肠胃病的药物。不吃腐烂变质的食物。如果是青少年独自或几人一起乘坐火车旅行，途中还要提高警惕，以防被盗被抢被骗。如果发生上述情况，要及时报告给列车员或乘警，寻求他的帮助。

安全乘坐飞机

随着我国航空事业的发展和对外交流的扩大，乘坐飞机旅行的人越来越多，一些中小学生也有了多次国际国内飞行的经历。乘坐飞机一定要严格遵守航空公司的有关规定，否则就容易给自己和其他旅客带来麻烦。

1.预定航空公司的飞机座位后，要在起飞前的 1～2 日之内办理确认手续。

2.提前 1～2 小时办理登机手续，尤其是国际飞行的旅客，不能到得太晚。护照、签证、身份证、机票等各种证件要带齐全。

3.行李的重量和体积不能超过航空公司的规定，否则要加运收费。行李中不能夹带枪支、弹药、凶器和易燃易爆物品，也不能夹带国家禁止出境的文物、动物、植物、艺术品和其他物品。

4.对号入座，随身携带的行李放入头部上方的行李箱中。

5.在飞机起飞、降落和飞行颠簸时要系好安全带。初次飞行者或身体不适者会感到耳胀心跳头痛，此时可张合口腔，或是咀嚼口香糖之类的食物，使耳内压力减轻，消除不适。

6.飞机起飞后，乘务员会通过录像或是亲自示范讲解安全带、救生衣、紧急出口等设备设施的使用方法，要注意听讲并理解。

7.随时听从乘务员或其他机组人员的命令或帮助。

安全乘坐轮船

在我国沿海和南方水乡以及其他的不少地区，大家出行都离不开水上工具。船是水上的"公共汽车"。船在水中航行，随时会遇到大风大浪等危急情况。为了保证在乘船时候的安全，青少年一定要提高安全意识以及自我保护。

我国江河湖泊众多，海岸辽阔，船舶航运历来发达。在乘船领略祖国美丽的湖光山色时，还不要忘记做到以下几点，以保证青少年的旅途愉快、平安。

1. 按照所购船票票面所指定的船只、航次、日期乘船，以免造成超载。

2. 严禁携带易燃易爆或其他危险品上船。

3. 上下船时遵守秩序，严禁你挤我拥，造成落水事故。

4. 在指定的舱位或地点休息和存放行李。不要随意挪动位置。

5. 到甲板散步或观景时，要注意安全，不要把身体探出船栏杆外。风大浪急时，应回到舱内躲避。

6. 夜间轮船行驶时，不要拉开舱内窗帘，不要打开手电筒，以免灯光外泄而发生意外。

7. 轮船在海上行驶时，因海浪汹涌，船身经常颠簸摇动。这时最好待在舱内休息。晕船者可服避免晕船的药物，以减轻头痛和防止呕吐的发生。

乘船遇到意外，要听从船长或船员指挥。要弃船登艇时，应多穿一些衣服、戴上手套、围巾，再穿上救生衣。如果时间允许，还应带上一些淡水和食品。如果船翻落水，要保持镇静，设法自救。这时候万不可将身上的衣服脱掉，因为衣服不仅可以使身体表面与衣服之间保持一层较暖的水，还能产生一定的浮力，使人漂浮在水面上。身穿救生衣的落水者，可将身体缩卷以减少体热的散失。离岸较远，而周围又没有其他人时，落水者若处于比较平静的水面，应保存体力，不要盲目游动。可摇动颜色鲜艳的衣服以便引起岸上或船上人的注意。

乘坐电梯时注意事项

现代生活中，乘坐电梯几乎是青少年每天都会遇到的。小小的空间也同样会存在很多安全隐患。因此在乘坐电梯时如果遇到意外情况青少年朋友也要知道该怎样去解决，如果处理方法不当，往往也会造成伤害。

当遭遇停电或电梯故障而被困在电梯中时，千万别惊慌。保持镇定，并且安慰困在一起的人，向大家解释不会有危险。因为电梯装有防坠安全装置（通常就在电梯底），会牢牢夹住电梯槽两旁的钢轨，使电梯不至于掉下。就算停电，电灯熄灭，安全装置也不会失灵。利用警钟或对话机救援。如无警钟，可拍门叫喊。如怕手痛，可以脱下鞋子敲门。外面有人回应，就说出发生什么事，并请求立刻找人来援救。如不能立刻找到电梯技工，可请外面的人打电话叫消防员。消防员通常会把电梯绞上或绞下到最接近的一层楼，然后打开门。就算停电，消防员也能用手动器械把电梯绞上绞下。

如果外面没有受过训练的救援人员，千万不要尝试强行扳开电梯内门，即使能打开，也未必够得着外门。想要打开外门安全脱身当然就更难。在电梯里呼救，尤其是在高楼大厦里，一般不多久就有人回应，附近常会有人听到。但在深夜或周末下午困在商业大厦的电梯里，就有可能几个小时甚至几天都没有人走近电梯。在这种情况下，最安全的做法是保持镇定，伺机求援，也许要受饥渴、闷热之苦，但能保住性命。听听外面的动静，如果看门人经过，设法引他注意。如果不行，就等到上班时间再拍门呼救。电梯天花板有紧急出口，也不要爬出去。出口板一打开，安全开关就使电梯煞住不动。但如出口板意外关上，电梯就可能突然开动，令人失去平衡。在漆黑的电梯槽里，可能会被电梯的缆索绊倒。

电梯在频繁使用过程中，偶尔发生故障是很正常的。所以，在乘坐电梯时应当注意：

1. 不可超载运行。

2. 电梯内禁止吸烟，禁止装运易燃易爆物品。

3. 儿童在乘坐电梯时应由成年人带领。

4. 电梯门关闭后，如果电梯不运行，可以先按操纵盘上的开门按钮，使电梯开门，看电梯是否解除故障继续运行。如果还不行，可通过按警铃或电话告知电梯管理部门，由专业人员进行维修。

5. 遇到电梯停梯后不开门，被困电梯间时一定要冷静，最有效的办法是通过电梯的报警按钮或电话告知电梯管理人员进行救援，也可请求110救援，如无人回应需镇静等待营救，不要强行扒开门或从顶部安全窗自行爬出，盲目自救往往会发生更大的危险。

6. 在电梯门未关的情况下，电梯开始运行，而且速度越来越快时，不要惊慌，更不要争先恐后逃离。正确的做法是，尽可能远离电梯门，做屈膝动作，减轻人体在电梯急停时的伤害。

乘坐电梯，首先要注意查看电梯内有没有质量技术监督部门核发的《安全检验合格》标志并注意标志是否在有效期内。乘坐有《安全检验合格》标志的电梯，是保障安全的前提。

乘客在电梯楼层门开启，进入电梯前，一定要注意观察电梯轿厢是不是在相应楼层位置，贸然进入可能因电梯轿厢不在平层位置而发生坠落。

电梯在正常运行中，楼层门和轿厢门都应处于关闭状态，如果发现电梯门没有关上就运行，说明电梯有故障，这时千万不要乘坐，以防发生剪切事故。

另外，乘坐电梯时不要在电梯楼层门与轿厢门之间过多逗留，以防电梯在意外故障状态下突然运行而造成剪切。

如果乘坐过程中电梯出现故障，例如突然停车等，乘客千万不要惊慌，应设法通知电梯使用管理部门和维修人员救援，不要乱动乱按或试图扒门逃出，等待专业人员救援是保障安全的明智选择。

乘坐地铁时注意事项

地铁便利、快捷，在一些大城市中地铁作为代步工具深受青睐，越来越多的人喜欢乘坐地铁出行。因此，在乘坐地铁时，安全问题也是特别重要的。

一旦地铁列车发生意外事故，首先需要临危不乱，保持清醒的头脑。只有做到这一点，才能有顺利脱离险境的机会。在乘车时发现车厢内有烟雾，同时闻到类似烧焦的异常气味，不要慌乱，立即按响位于每节车厢前部的报警装置通知司机。如果车厢内不但有雾而且有明火时，应在按响报警按钮的同时，拿出放置在车厢座位底下的灭火器，将火扑灭。有的人情急下乱扑乱打或砸车厢的玻璃窗，这些做法是很危险的，切不可为之。车厢内着火后，会产生大量的有毒烟雾，吸入后会引起中毒。这时乘客应尽量往车厢前部和中部靠拢。因为车厢前部、中部的顶风扇为进气风扇，车厢后部的顶风扇为排气风扇,这样烟雾多集中在车厢后部。同时应就地取材,用布或毛巾捂住口、鼻,以便尽量减少烟雾的吸入。人们在乘坐地铁时,要注意不要倚靠在车门上,尽量往车厢中部走,在发生撞车事故时,车厢两头和车门附近较危险,而车厢的中部相对较安全。在站台、候车大厅、电梯等处遇到意外情况发生时,乘客一定要听从站台工作人员和救援人员的指挥,迅速而有秩序地脱离事故现场,切不可乱闯。

青少年在乘坐地铁应该要注意:乘坐地铁时不能挤压车门,不能靠站台边缘太近。遇到突发事件时也要有一定的心理准备。由于电线线路老化,造成短路,引起火花,可造成线路着火、大面积停电。由于地铁候车的地方狭窄,光线昏暗,声音回音大,所以首先要保持镇定,听从地铁工作人员的疏导,切忌拥挤、大喊,尽量在站台中间走,以免被挤下站台。在隧道中逃生时,要顺两边往上走。由于电线燃烧时会释放出大量的有毒气体,应注意用手帕、衣服捂住口鼻,减少中毒危险。经常乘坐地铁的人,可随时携带小电筒、小毛巾,以备急用。

在站台等车时,如突然被挤下铁道时,应迅速爬上站台,来不及时可紧贴墙站立,双手护住头耳,待列车停稳后,在工作人员的引导下离开铁道,爬上站台。

发生车祸的注意事项

乘坐公交车是城市青少年外出、上学经常选择的交通方式。公共汽车给青少年带来方便,同时也会带来危险,青少年朋友应当了解并掌握一些发生交通事故的正确处理措施。

发生车祸时,除非伤者的情况危急,否则应先对他作一遍完整的检查,了解受伤的程度。然后依下述步骤处理:

注意意外现场的任何危险征兆。

指导其他人立即打电话通知有关单位,指导旁观者到车祸后方 200 米处设置警告标志,协助指挥交通。

不要将伤者拉出车来,以免造成进一步的伤害。

熄掉引擎,切断电源,以减少起火的危险性。车祸起火通常是来自引

无故不居危——远离危险

盖或仪表板下的电线线路。阻止任何人在肇事车辆附近吸烟。

固定汽车。如果车辆四轮着地，可拉起手刹车，在车轮前后垫上砖块。如果乘客仍在车内，不要使它恢复四轮着地，而应设法使它不再翻动。检查车内是否有小孩，他们可能跌到车座下方，或被毛毯、行李遮压。立刻检查肇事车辆四周，可能有伤者在撞车时被抛出车外。

询问意识清醒的伤者，在出事前全车原有多少乘客。如果必须搬运伤者，应该特别小心，要有足够的人手能够支持伤者身体的每一部分。搬动时应尽可能一气呵成。如果伤者被压在车下，而在消防急救人员赶到以前必须移开伤者时，应先尝试移开汽车。如果做不到，则应先使车辆固定后，尽可能轻轻移动伤者，并记下伤者或汽车的确实位置，稍后警察可能需要这项资料。

车祸伤者有可能被压在自己的车内，譬如被方向盘夹住了。这时，应该仔细检查，如果伤者已失去意识，他的舌头可能会向后堵住呼吸道，因此，必须让他的头维持使呼吸道畅通的姿势。应该一直留意这些被压住的伤者，直到救难人员赶到。

小心危险物。意外发生时如有危险液体漏出，或有毒气溢出，都使情况更为复杂，而急救者在接近现场时尤其需要小心。除非确实安全，否则绝不要做任何救援的尝试，不要因为接触到危险物而使自己也身陷险境。

翻车时怎样进行自我保护

翻车大致有三种情况：

1. 急转翻车。乘客在急转弯中感觉车身向一侧飘起；

2. 山沟翻车。车身先慢慢倾斜，然后加快速度连续翻滚；

3. 纵向翻车。汽车先有前倾或后倾、车头下沉或翘起的感觉，然后完全翻转。

这些征兆出现后，必须沉着冷静，力争把损失降到最低程度。感到汽车不可避免地要倾翻时，若已无法跳车，要尽量使身体固定，避免因车体翻转而被碰撞或抛出车外。如果车是向深沟翻滚，应迅速爬到坐椅下，抓住固定物，避免身体在车内滚动而受伤。

跳车时不要顺着翻车的方向跳车，以防止跳出车外被车体压伤。若翻转中感到不可避免地要被抛出车外时，应在抛出车厢的瞬间猛蹬双腿，增加向外抛出的力量，以增大离开危险区的距离。落地时，用双手抱头顺惯性方向跑动或滚动一段距离，以减轻落地时的反作用力，同时也有助于远离危险区。

牢记道路交通标志

1. 禁止骑自行车下坡标志

表示禁止骑自行车下坡。设在骑自行车下坡有危险的地方。

2. 禁止骑自行车上坡标志

表示禁止骑自行车上坡。设在骑自行车上坡有危险的地方。

3. 禁止行人通行标志

表示禁止行人通行。设在禁止行人通行的地方。

4. 步行标志

表示该街道只供步行。设在步行街的两端。

无故不居危
——远离危险

5. 人行横道标志

表示该处为人行横道。标志颜色为:
蓝底、白三角形、黑图案。
设在人行横道线两端适当位置。

6. 人行天桥标志

用于指示行人通往天桥入口的位置。
设在天桥入口附近，并可附设辅助标志指
示其入口方向或距离。

7. 人行地下通道标志

用于指示行人通往地下通道入口的
位置。
设在地下通道入口附近，并可附设
辅助标志指示其入口方向或距离。

8. 此路不通标志

用以指示前方道路为死胡同，无出口、
不能通行。
该标志为蓝底、白色街区、红色图案。

9. 残疾人专用设施标志

用以指示残疾人专用设施的位置。
设在残疾人专用设施附近适当位置。可附加辅助
标志，指示残疾人专用设施的方向或距离。

四　注意运动安全，避免运动伤害

Tips——青少年安全小提示

1. 不要到河流、湖泊、水库、沟渠等水边玩耍，以防溺水。

2. 冬季滑雪、滑冰时，应选择有专人维护的正规场地，不要滑野冰。不要在滑雪、滑冰时追逐打闹，身上不要带钥匙、小刀、手机等硬器，以免摔倒硌伤自己。

游泳时的注意事项

游泳不仅可以强身健体还能开阔胸怀。但在水中很容易发生危险，所以青少年在游泳的时候一定要加强自我防护，学习一些游泳常识很有必要。

游泳运动的常识首先要了解下水前和在水里应注意的事项。青少年在下水前应当注意：

1. 不能空着肚子游泳，因为游泳是消耗体力较大的运动之一，没有旺盛的体力，在水里活动容易出危险。还有，刚吃过饭也不能下水，因为食物在胃中尚未消化，剧烈的动作会使肠胃不适，引起全身抽筋。

2. 游泳时必须结伴而行，不能单独一个人去，防止万一出事没人发现。

3. 见到有"禁止游泳"之类标志的地方，如水闸附近、有网箱养殖的地方、水下有障碍以及保护水源等地方都不能游泳。

4. 游泳的场地，水底要选择慢坡的地方，不要在陡坡的地方，尤其是刚会游泳的人，在陡坡地方更不利。

5. 下水前还要做好准备动作，活动一下筋骨，防止下水后身体不适应，发生抽筋等现象。

在水里应当注意：

1. 下水后应由浅到深。让身体逐步浸入水中，到了齐腰深以后再把上身也撩上水，搓搓皮肤，做几次深呼吸，等逐步适应了水温后，再把身子完全浸入水中。不要脱了衣服就一头扑进水里，那样体温和水温差异较大，身体受到较强的刺激后，会发生抽筋等不良反应。

2. 在水里不能开玩笑吓唬人。比如，潜到水底去拉别人的腿，或出其不意地泼水浇人以及在别人后面搞一些突然袭击的动作，这些都可能使别人呛水或是发生意外事故。

3. 在不了解水底情况的时候，不能随意跳水。一般来说，跳水的地方，水深不得少于 3 米，而且水底还不能有旋涡、岩石、水草一类的障碍，防止碰伤头部或刮伤身体。

4. 在水里活动的时间，一次最好不超过 2 小时。因为在水里活动消耗体力较大，时间长了体力坚持不住，容易出事。

5. 如果是在湖、海里游泳，最好是先向湖、海里走，等水到齐肩深的时候，再转过身来向岸边游，这样越游水越浅，就不会出问题。千万不要面向湖心、海里面游，那样一旦遇到风浪或是体力支持不住，极易发生危险。

游泳九忌

盛夏，身着五彩缤纷的游泳衣，追逐嬉戏在碧波绿水之间，该是何等惬意！然而，由此发生的事故也屡见不鲜，所以不是任何人，在任何时候都适合下水的。俗话说"水火无情"，跟水打交道不能马虎大意。那么，游泳时应该注意哪些安全问题呢？

1. 未经体检者不得下水。

有人认为游泳前的健康状况检查是"小题大做"或"多此一举"，甚至有的人想方设法，不经体检便盖个"合格章"。孰不知，这样做一害自己，二害别人。

2. 患者不宜入水。

凡心脏病、高血压、活动性肺结核、传染性肝炎、传染性皮肤病、性病、中耳炎、鼻窦炎、开放性伤口以及感冒者均不宜游泳。一则会使病情加重，甚至发生心力衰竭、脑出血等严重情况；二则有些病会传染给健康人。

3. 不宜骤然下水。

下水前必须做一些准备活动，如伸伸腿、弯弯腰、跑跑步或做些游泳辅助练习，使各肌群、关节及内脏器官、神经系统都进入活跃状态，然后用水浇浇脸和胸部。如果生理上准备不足，一时适应不了水中的环境，往往容易引起头晕、心慌、恶心、腹痛等不适，甚至会抽筋、拉伤肌肉。

4. 空腹、饱腹忌下水。

空腹时体内血糖水平降低，会引起头晕、四肢乏力，甚至昏厥等现象。在这种情况下游泳，容易发生意外。饱腹时游泳，会使中枢神经重新分配血液，让本该流到消化系统的血液分散到全身肌肉中去，影响食物的消化吸收。此外，胃肠受到水的压迫后，蠕动受到限制，容易引起机能障碍，产生胃痉挛、腹痛或呕吐现象。游泳时间可选择在饭后 1 ～ 1.5 小时。

5. 剧烈运动后或大汗淋漓时不宜游泳。

剧烈运动后，身体处于疲劳状态，肌肉的收缩和反应能力减弱，动作不易协调。这时下水游泳，不仅会增加呼吸和心脏的负担，而且会使疲劳加剧，引起呛水、肌肉抽筋和溺水。大汗淋漓时，体表毛细血管扩张，体热大量散发。此时游泳，毛细血管会因冷水刺激而骤然收缩，迫使血流减慢，身体抵抗力降低，病菌、病毒会乘虚而入，使人生病。

6. 天气不好，环境不熟不宜游泳。

下暴雨或风大浪急等不利天气时不要游泳，免遭雷击或其他意外。当水域不好，或野外的自然水域、水质污浊、水流过急、旋涡过大、水底情况不明（如是否有乱石、暗礁、污泥、树枝、杂草等）时，不可贸然下水。

7. 水中抽筋忌慌乱。

在水中一旦发生抽筋，要保持镇静，千万不要慌乱。在浅水区或离岸较近时，应立即上岸；在深水区或离岸较远时，应一面向同伴呼救，一面采取解痉措施进行自救。大腿抽筋可仰卧水面，后屈小腿，一手握住抽筋腿的足背后振几次；小腿抽筋，可一手握住抽筋的脚趾，上下用力抖动；手指抽筋，可将抽筋的手握成拳，然后用力张开，直到抽筋缓解。抽筋缓解后应上岸休息，并按摩抽筋处的肌肉，以防再次抽筋。

8. 女性经期忌游泳。

在月经期间，子宫口处于松弛状态，阴道内常有少量积血，如果下水游泳，病菌易进入子宫、输卵管等处，引起妇科疾病。

9. 游泳时一定要补水，不要以为游泳时身体不会失水。

无论是在室内游泳池还是在有阳光照射下的室外游泳池，游泳时都会有中度的出汗。由于游泳时身体是湿的，所以你往往感觉不到出汗。澳大利亚游泳队的测试表明，游 1000 米的体液损失约为 325 毫升。如果游泳时出汗过多而导致脱水太多时 (你一般感觉不到)，就会因电解质丢失过多而导致腿抽筋，因此游泳时也要注意随时补水。建议你带瓶水放在岸边，在休息的间歇喝。不要只喝水，要喝一些橙汁或者运动饮料,目的是要补水、盐、糖和维生素等。

游泳遇到险情怎么办

游泳时最常碰到的险情，是肌肉抽筋，这种抽筋又多是发生在小腿部位。遇到这种情况，首先是心理要保持镇静，马上停止再向前游。用仰泳姿势浮在水面上，再忍痛把抽筋的腿（或其他部位）用力拉直，等抽筋的部位舒展缓和后，换个姿势往岸边游。同时还可以呼唤你的同伴，来帮助你回到岸上。

游泳时一定要根据自己的技术和体力，决定游离岸边多远，不能逞强好胜，游离岸边太远。在深水处，如果感到寒冷或是疲乏时，心里不要慌。这时你可换成仰泳姿势，多做浅呼吸，使自己的情绪稳定，再慢慢地往回游。如果这样做还是感到体力支持不住，就赶快挥手呼救。有人来救援时，要尽量放松，不能抱住救援者不放，那样反而会误事。

在湖塘里游泳时，尽量避开有水草的地方。一旦不慎被水草缠住，也不能慌，而是要把游泳的动作放轻，速度放慢，先是离开长水草的地方，再仔细感觉一下水草缠在什么地方，然后就像脱手套或是脱袜子那样把水草脱掉，先把四肢解放出来，而后再把身上的摘下来。肢体刚缠上水草要是一紧张，你就会不知所措，胡乱摆动四肢，那样水草倒会越缠越多，越缠越紧，甚至危及生命。自己感到水草缠身，难以脱险时，就得要求救援。

怎样实施水上救险

在水里救人不仅要会游泳，而且还需要具有专门的技术，没有受过专门救生训练的人，一般来说，是不能下水救人的。人溺水后往往惊慌失措，抓住人和物都死死地抱住不放。救人者一旦被溺水者抱住，救人者不但救不了人，甚至连自己也逃不出来。同伴溺水时，首先赶快去喊人，同时还要想法在岸上救助。比如：给溺水者扔去救生圈、泡沫塑料、绳子等。岸上救助如果无效，游泳技术好的人也可以下水救助，但必须带上救助物品，如绳子、衣物、毛巾（最好把几条系在一起）等，在离溺水者一两米远的地方，把救助物品扔给他，让他拉住救助物品的一端，救人者拉住另一端，把溺水者拉到岸上来。要是毫无救助物品，情况又特别紧急，水性好的人可以从溺水者背面或是侧面接近他，在不让溺水者抓住的情况下，再用仰泳或侧泳等姿势，把溺水者拉到岸上来。

溺水的人在溺水 6～8 分钟以后就可能死亡。因此，把人救上来，还要及时进行抢救。首先要看看被救者的嘴里、鼻孔里有没有泥沙、水草一类的脏东西，要是有，就尽快给他清理出来。然后，把他的头放在低位，把身体垫得高一些，让他把吸入体内的脏水控出来。这时溺水者如果已经窒息，就要边做人工呼吸，边送医院进行抢救。另外还要注意给溺水者保暖以保持体温和延续心脏的活力。

初冬时节到冰面上去玩，一定要找几个伙伴一起去。玩的时候，一旦不慎踏破薄冰落入水中，必须赶快挥手呼救。呼救的同时，还要不停地用双脚踩水，用双手划水，以保持身体的活力，因为人在冰水里，很快就会冻得四肢麻木、浑身无力，时间稍长，就会发生危险。要沉着冷静，使劲打碎跟前的薄冰，尽量向岸边移动，以寻找能够支持自己体重的冰面。遇到结实的冰面时，双手扶住冰面，双脚要尽量使劲往后蹬，让身子能浮在水面上；不断向后蹬腿，还能使身体不断向前，慢慢地爬上冰面。爬上冰面以后，不要马上站起来往岸边跑，而是要躺在冰面上向岸边滚动，这样可以减少身体对冰面的压力，防止冰面再次破裂。安全上岸后，在没有得到保暖之前，还要不断活动，以保持体温，增加生命的活力。

游泳也会得耳病

每逢炎热夏季，青少年爱到游泳池去游泳，就是隆冬季节，不少人也有冬泳的习惯。在清波荡漾的游泳池中嬉游是一种很好的健身运动。但是，如不注意耳部的防护，就会导致中耳炎的发生。游泳方法不当会发生中耳炎（俗称耳朵底子），因有时猛烈地入水或跳水，使外耳道的压力突然增高，会使耳膜震裂，发生感染。所以在游泳时，一定要掌握好用口吸气，用鼻子出气的基本方法。练跳水时，头部朝下入水，进入越深，对鼻腔压力越大，如没能迅速改变头朝下的姿势，鼻咽腔里的空气逸出较快，水就有可能呛入鼻腔。一旦水进入中耳就会引起疾病。所以跳水前练习时，最好屏住气或做呼吸动作，入水时双臂伸直过头，保护耳部。双手首先入水，入水后迅速展开手掌压水并抬头。如有少量呛水时，应迅速上岸，并且轻擤鼻涕，以排除鼻腔内多余的水。患过中耳炎的人，在游泳时更要多加小心。下水前可戴上胶制耳塞，或用涂过凡士林的棉球塞入外耳道内，以防水入耳。如有水进入耳内，应侧头、单腿顿跳几下，或用棉签轻拭耳道，将水吸干。此外，呼吸系统患有急、慢性感染的人，不宜游泳。部分耳鸣、耳聋的人由于内耳有病，当受到冷水刺激时，会发生眩晕症状，并因此发生意外，所以，平时有眩晕、晕车、晕船病症的人也不宜游泳。

要想更好地保护耳朵还要记住以下四点：

1.游泳前要做好体格检查。外耳道有耵聍时应当取出，否则泡涨后容易引起疼痛发炎。患有中耳炎的人，如鼓膜有穿孔，脏水进入中耳，可使中耳炎加重。因此，中耳炎患者必须经医生同意后才能游泳。

2.游泳时用蘸有凡士林油的脱脂棉塞紧外耳道，可起保护作用。

3.游泳后应及时把外耳道内的积水排净。排水时，头部歪向积水的一侧，用同侧的手掌轻轻拍打头部，就可将水排出。如耳内发痒，可用 75% 酒精棉轻擦外耳道，禁用手挖。如感到耳内疼痛应及时到医院诊治。

4.跳水要注意姿势和方法，不要使耳朵直接受水拍击，以免发生鼓膜外伤。

游泳时要注意对眼睛的保护

很多人在游泳之后容易有眼睛发红、发痒、流眼泪、眼屎增加、不知不觉地想要揉眼睛，这时就有可能是感染了急性结膜炎。这种情形很普遍，大多是因为池水不干净又没有戴蛙镜，或是使用了公共的毛巾，或是用不干净的手去揉眼睛所造成。这时可以先到岸边用生理盐水冲洗，若还未改善就必须就医，千万不可自行购买眼药水。这类情形通常妥善处理，大约一两天最多也是一周就好了。但若是戴着隐形眼镜下水又发生红、痛、痒的感染现象时就没那么简单了，戴着隐形眼镜下水，会使角膜缺氧、上皮细胞剥落，当它落到有感染的眼睛上就容易造成二度伤害也就是角膜炎，这时就必须将隐形眼镜拿下来，并且立即就医。不可擅自点生理盐水或任何眼药水。

预防措施：下水前必须先戴上蛙镜，并且注意蛙镜与脸是否密合，一定要确保一滴水都不能跑进眼睛才行。若没有戴蛙镜，在水中千万不要把眼睛张开，以免眼球接触池水，容易造成感染。

呛水易引发鼻窦炎

游泳，除了要注意眼睛和耳朵的保护，也要注意保护鼻子。游泳时因呛水引发的鼻窦炎也很常见。据介绍，初学游泳的人都很容易呛水，由于咽鼓管是连接耳、鼻、咽的通道，水呛到鼻子里，分泌物、细菌等呛到鼻窦，其中可能有过敏源，或是刺激的物体，容易引发鼻窦炎。由于鼻窦炎和感冒一样，都有头痛、鼻塞、流鼻涕的症状，常被误以为是感冒。其实两者是有区别的，感冒主要是上呼吸道感染，除了上述症状外，咽喉痛、咳嗽等全身性症状明显，头痛也更剧烈；患鼻窦炎的时候，严重的会出现流脓鼻涕，上颌骨、面部疼痛，额头痛等。

专家表示，游泳是锻炼身体的好事，但如果身体不适宜就不要去游，或是游泳前要做好防范工作，例如戴鼻夹、耳塞等，防止呛咳后脏水进入耳部和鼻腔。如果出现不适症状，不应拖延，要马上到专科医院就诊，以免加重病情。

女生游泳时的注意事项

对女性而言，有两个时期最好不要游泳，第一个时期是月经来潮期间，由于分泌物的增加，及经血的关系，若进入游泳池，既不卫生也不美观。有些妇女或游泳选手会在月经期间选择使用卫生棉条，来避免分泌物的困扰，卫生棉条本身会带给使用者一定程度的不适感，再加上棉条浸在水中容易受到细菌侵入而感染，造成发炎，通常情况下并不建议使用。第二个时期为排卵期，此时期阴道的分泌物因准备迎接精子的进入，会较为清及稀，抵抗细菌的能力也会较差，若此时进入游泳池游泳，很容易造成阴道感染及发炎。

不要在深水位停留过久。通常深水位的水温较低，水压较大，人体会产生一系列应激反应，如心跳加快、血压升高、肌肉收缩、神经紧张等，不但不能消除疲劳，抵抗力也会在此时下降，许多细菌也会趁"虚"进入阴道引发阴道炎等妇科疾病，严重的对女性以后怀孕、生理健康都有一定的影响。在深水位待的时间过长还有可能引起女性内分泌失调、闭经、腹痛等病症。

游泳池的水中通常为了抑制细菌都会加入一些氯，虽然可以抑制一些细菌，但却也会破坏女性阴道的 PH 值，女性阴道本身有一些乳酸菌维持它的弱酸性，是可以抵抗细菌的天然屏障，如果被破坏了就容易细菌感染，阴道发炎通常会出现局部瘙痒、灼热、分泌物增加；外阴部湿疹则会使阴唇附近皮肤破皮发痒红肿，一旦出现这些症状，都必须立即就医。

户外游泳太久易中暑

青少年夏天游泳一般都是选择户外，然而户外游泳如果时间太久的话却很容易发生中暑。游泳本身就是一种消暑活动，其实如果游泳方式不当，反而更容易中暑。游泳时，一些青少年长时间在水里浸泡，身体不觉得热，头部却连续几个小时在日光下暴晒，头部温度有时能增高到39℃以上，再加上游泳者体力消耗较大却排汗不畅，就很容易引发中暑。中暑先兆主要表现为头痛、头晕、恶心、胸闷、四肢无力、注意力不集中等，而体温基本正常或略高。

如出现此类情况应及时转移到阴凉通风处，补充水和盐分，短时间内身体即可恢复。另外，太阳暴晒下的沙滩是中暑高发地之一，在室外游泳时，应选择早上或晚上，游泳时间不宜过长，并且每隔几分钟就应该用水把头部浸湿，防止头部温度过高。

游泳前后应怎么饮食

很多青少年都有这样的感觉，游泳前吃进太多的食物，游泳时就感到很不舒服，甚至呕吐。可是不吃吧，游泳时又感到很饿。首先要明确一点，就是不要空腹游泳。如果不吃东西，游泳中由于身体中糖的储备不足，就会造成低血糖，不但使人体力不足，而且还会影响大脑的能量供应，严重者甚至会发生晕厥，这在水中是非常危险的，甚至会发生溺水危及生命。

游泳之前吃东西的原则是：选择体积小、易消化和能量高的食物，并且至少在游泳前 1 小时吃，因为刚吃完东西，全身的血液会流向胃部帮助消化，如果这时下水游泳，全身的血液就会强行流向四肢，这样供给胃的血液就少了，吃下去的东西不能很好地消化，所以胃就不舒服了。少吃一点，胃部会有舒适感，运动时，不会感到饥饿，同时，运动加快血液循环，胃蠕动也加快，胃部有少量食物，不会因此而产生不适。游泳前 1～1.5 小时，可以喝一小袋牛奶或者含糖饮料，吃一点巧克力、奶酪、面包。饼干也是很好的选择，如果经济条件允许，能量高、体积小的能量棒是最好的选择。

游泳之后，要选择易消化的食物，如蔬菜、米饭等，但是一定不能过量。由于游泳后有强烈的饥饿感，因此有相当一部分人会一下子吃进很多东西，这样就容易造成能量过剩，反而易引起发胖。如果你正在减肥，那么你摄入的热量一定要小于消耗的热量，如果还感到饿，就吃些蔬菜瓜果充饥吧。

在海中游泳应注意哪些

夏天游泳，很多地方可以选择，比如室内游泳池、露天游泳馆、池塘等等，离大海比较近的人则会选择去海里游泳。海里游泳发生的危险会更大，所以青少年在海里游泳的时候一定要格外地小心。

海中游泳，因为是动水，有海流、有波浪，与游泳池不同，故需要加倍的耐力及体力才能达到同等距离，所以不可高估自己的游泳能力。海中游泳时应在设有救生人员值勤的海域游泳，并听从指导及勿超越警戒线。海边戏水，不要完全依赖充气式浮具（如游泳圈、浮床等）来助泳，万一泄气，无所依靠，容易造成溺水。严禁单独游泳，以免发生意外。

在海中，若有皮肤受伤出血时，应立即上岸；在遇有人溺水时，应大声喊叫或打110请求协助，未学过水上救生，不可贸然下水施救，以免造成溺水事件。海边救生员均身穿上黄下红服装。如果看到海滨白色的小屋和旁边的黄、红两色旗杆，就可确定那是救生站，救生员正在值班。假如旗杆收了，就表明救生员不当值。同时，救生站还有警示标志，如果插上了全红旗帜，就是告诫大家海风大，不适合下海游泳。

滑雪时应避险

滑冰（雪）运动可以呼吸新鲜空气，可以舒展身心，非常有利于身心健康。很多青少年特别钟爱这项运动。但在享受滑冰（雪）带来快乐的同时也别忽略了它所带来的危险。

当青少年朋友进入滑雪场，享受滑雪所带给你的乐趣的时候，需要注意的是：

1. 应仔细了解滑雪道的高度、宽度、长度、坡度以及走向。由于高山滑雪常常处于高速运动中，看来很远的地方一眨眼就到了眼前，滑雪者不事先了解滑雪道的状况，滑行中一旦出现意外情况，根本就来不及作出反应，这一点对初学者尤其重要。

2. 了解滑雪索道的开放时间，在无工作人员看守时切勿乘坐，因为此时极有可能是工作人员的下班索道，在工作人员到达下车站后，索道即停止运行，如果你在空中被吊上一夜，发生冻伤事故概率是非常高的。

3. 要根据自己的水平选择适合你的滑雪道，切不可高估自己的水平而贸然行事，要循序渐进，最好能请一名滑雪教练。

4. 在滑行中如果对前方情况不明，或感觉滑雪器材有异常时，应停下来检查，切勿冒险。

5. 在结伴滑行时，相互间一定要拉开距离，切不可为追赶同伴而急速滑降，那样很容易摔倒或与他人相撞，初学者很容易发生这种事故。

6. 在中途休息时要停在滑雪道的边上，不能停在陡坡下，并随时注意从上面滑下来的滑雪者。

7. 滑行中如果失控跌倒，应迅速降低重心，向后坐，不要随意挣扎，可抬起四肢，屈身，任其向下滑动。要避免头朝下，更要绝对避免翻滚。

8. 视力不好的滑雪者，不要戴隐形眼镜滑雪，如果跌倒后隐形眼镜掉落，找回来的可能性几乎不存在。尽量佩戴有边框的由树脂镜片制造的眼镜，它在受到撞击后不易碎裂。

滑雪时注意保护眼睛和皮肤

由于雪地上阳光反射很厉害，严重的会造成雪盲，加上滑行中冷风对眼睛的刺激很大，所以需要用滑雪镜来保护眼睛。好的滑雪镜能防止冷风对眼睛的吹拂和紫外线灼伤，镜面不能起雾气，跌倒时眼镜的形状和材质不会对脸部造成伤害。最好选择全封闭型滑雪镜，外观类似潜水镜，但不把鼻子扣在内，外框由软塑料制成，能紧贴面部，防止进风。镜面由镀有防雾防紫外线涂层的有色材料制成。另外，在外框的上檐有用透气海绵制成的透气口，以使面部皮肤排出的热气散到镜外，保证镜面有良好的可视效果。

滑雪时形成的相对速度很大，冷风对皮肤的刺激以及雪地反射的强烈紫外线对皮肤的灼伤是构成皮肤伤害的主要原因。为防止这种情况的发生，可选用一些油性的有阻止水分散失功能的护肤品，然后再用防紫外线效果较好的具有抗水性的防晒霜涂在皮肤上。防晒霜只能在短时间内有效，所以应每隔一段时间（一般2小时）就在皮肤上涂一次，切不可因为阴天就不涂防晒霜，因为阴天时紫外线依然很强烈。如果滑行中感觉冷风对脸部的刺激太厉害，可选择一个只露出双眼的头套，再加一个全封闭型滑雪镜，这样可将面部完全罩住，能有效阻止冷风对面部的侵入。

认真选择滑雪服

好的滑雪服可以大大地减少滑雪时的伤害，因此在滑雪服的选择时一定不能马虎。

1. 不能选择太小或紧包身体的服装（专业比赛服除外），那样会限制做滑行时的滑行动作。上衣要宽松，衣袖的长度应以向上伸直手臂后略长于手腕部为标准，袖口应为缩口并有可调松紧的功能。领口应为直立的高领开口，防止冷空气的进入。裤子的长度应当以人蹲下后裤角到脚踝部长度为准。裤腿下开口有双层结构，其中内层有带防滑橡胶的松紧收口，能紧紧地绷在滑雪靴上，可有效地防止进雪；外层内侧有耐磨的硬衬，防止滑行时滑雪靴互相磕碰导致外层破损。

2. 从结构上看，滑雪服有分身滑雪服和连身滑雪服两种形式。分身滑雪服穿着方便，但在选择时裤子一定要是高腰式，并且最好有背带和软腰带。上衣一定要宽松，要选择中间收腰并要有腰带或抽带，防止滑行跌倒后雪从腰部进入滑雪服。手臂向上伸直后袖子不能绷得太紧，宁可长一些，因为上肢在滑雪过程中处于一种全方位运动中，对初学者尤其如此。连身滑雪服结构简单，穿着舒适防止进雪的效果比分身的好，但穿着较麻烦。

3. 由于我国滑雪场大部分处于内陆，属于寒冷、干燥气候，温度低，风大，雪质较硬，所以从材料上看，滑雪服的外料应选用耐磨、防撕、防风，表面经防风处理的尼龙或防撕布材料较好。鉴于我国滑雪场的运行索道绝大部分为不封闭式，加上空气温度低，所以滑雪服的内层保暖材料应选用保暖性较好的中空棉或杜邦棉，以便为滑雪者在乘坐索道时提供一个良好的保暖条件。

4. 从颜色上看，最好选择能与白色形成较大反差的红色、橙黄色、天蓝色或多种颜色搭配的醒目色调，一是为这项运动增添迷人的魅力，更主要的是为其他滑雪者提供一个醒目的标志，以避免碰撞事故的发生。

5. 滑雪服的开口以大拉链为主，以利戴手套时也可方便操作。要有若干个开启方便的大兜，以便将一些常用的滑雪用品分门别类地装入其中，方便使用。由于经常需要用手去整理滑雪器材和持握雪杖滑行，所以滑雪手套要宽大，要选择五指分开的。手套腕口要长，最好能将袖口罩住，如能有松紧带封口，就能有效地防止雪的进入。滑雪帽最好选用套头式，它只露出脸的前半部，能防止冷风对脸部的损伤，对女士尤为重要。

登山前的必修课

登山畅游，既有雅趣又可健身，许多青少年都会选择登山这项运动。登山运动表面看来很安全，也是健康、快乐的根源。其实，在登山过程中潜伏的危险是非常大的，一旦疏忽就会后悔莫及。

登山前一晚必须充分休息，出发前吃一顿丰富而有营养的饱餐，以便有充足体力持久步行，减少意外受伤。

途中，尊重领队的经验，依从其决定和指示，切勿逞强好胜。远足者必须清楚本身的体力和健康状况，量力而为。

活动中避免单独行动，坚决反对个人的冒险行为，因为这是对其他队友的不负责任。切勿采摘野生果实食用或饮用不确定的水源（紧急情况下除外）。

切勿离开现成的山路而随意步入草丛或树林。切勿在非指定地点生火或煮食，此举极易引起山火，亦属违法行为。

避免站立崖边或攀爬石头拍照或观景。避免行走在湿滑石面、泥路或布满沙粒的劣地上。

穿着有护踝及鞋底有凹凸纹的防滑的登山远足鞋。

有可能的情况下，携带登山手杖。穿着适合远足用的衣服和鞋袜，避免短衣短裤。戴好帽子，夏天遮阳，冬天保暖。

手机是最为快捷的求助工具，但应注意其服务覆盖范围，在某些山岭间特别是山谷内，往往没有信号。此外，也要注意节省手机的电源。

带好随身物品：例如地图、指南针、水、食物、头灯（手电筒）、备用电池、雨具、收音机、急救药箱、哨子、手机、记事簿和笔等。

登山时谨记八大事项

爬山是一项有益身心健康的运动，不仅可以锻炼身体，而且可以陶冶情操。但是，爬山是一项耗氧量很大的运动，如果把握不好可能发生意外。所以青少年参与爬山锻炼一定要牢记以下注意事项：

1. 注意因人而异。爬山虽然是一项很好的健身活动，但并非人人适宜。在爬山前最好先检查一下身体，如果患有心脏病，最好不要爬山。因为爬山体力消耗较大，加重心脏负荷，容易诱发心绞痛、心肌梗死。另外患有癫痫、眩晕症、高血压、肺气肿的病人，也不宜爬山。患关节病或膝踝关节容易受伤的人不宜爬山（和爬楼）。

2. 太阳出来后再爬山。冬天天亮得晚，摸黑出门锻炼容易出危险。冬天的早晨是一天中气温最低的时候，室内外温差很大，猛地受到冷空气的刺激，容易发生血管痉挛，诱发心绞痛或心梗。此时血液黏稠度最高、血糖最低，因此早饭后再去爬山为好。

3. 注意多喝水。爬山前哪怕是不渴也要喝一杯水，既可稀释血液，又可减轻运动时的缺水。爬山时也要注意随时补充水分，最好是含有电解质的运动饮料，可以减轻疲劳感，尽快恢复体力。少量多次，每次喝三大口，经常喝，不要等渴了再喝。

4. 注意循序渐进。爬山前应做些简单的热身活动，爬山的高度和时间应根据自己的体力和平时活动情况而定。如果感觉疲劳，或者有心慌、胸闷、出虚汗等，应立即停止运动，就地休息，千万不可勉强坚持。

5. 注意脉搏、控制强度。爬山中的脉搏始终保持在自己的有氧健身靶心率之内（170 减年龄，不要超过 180 减年龄），一旦稍快就应该停下来让脉搏减慢后再爬，可以短暂站立几分钟再爬。也可以休息 10 分钟到 20 分钟，注意不要马上坐下，应站一会儿再坐下休息。注意不要躺倒休息，还要注意保暖，防止着凉。

6. 注意防止摔倒。爬山时最好拄一根拐棍，并注意身体前倾。更要避开有积雪的地方，防止崴脚或滑倒。

7. 注意不要迷路。爬山应选择那些人比较多的线路，避开悬崖峭壁和布满荆棘的小路，不要钻那些没人走的山林。上山时间不要太早，下山时间不要太晚，最好带上通讯工具，万一发生意外，便于同外界联系。

8.扭伤切忌局部按摩。在爬山中发生急性扭伤时，切忌局部按摩或热敷，最好冷敷 20～30 分钟，能起到消肿和止痛作用。

漂流的注意事项和急救措施

一定不要携带怕水的东西，以避免掉落或损坏。戴眼镜的同学应找皮筋系上眼镜。全程必须穿着救生衣，即使会游泳的青少年也必须全程穿着，确保安全。

漂艇为高分子材料制作，有三个独立气仓，在正常使用下不会有漏气问题，由于溪水并不深，即使出现问题，也能及时上岸，吹响救生衣上的求救口哨，寻找救护人员并更换漂艇。

在漂流的过程中请注意沿途的箭头及标语，它可以帮助您找主水道及提早警觉跌水区。在下急流时，艇具应与艇身保持平衡，并抓住艇身内侧的扶手带，后面一位身子略向后倾，双人保证艇身平衡并与河道平行，顺流而下。

当漂艇受卡时不能着急站起，应稳住艇身，找好落脚点才能站起，以保证人不被艇带下而冲走。当青少年误入其他水道被卡或搁浅时，应站起下艇，找到较深处时才再上艇，不能在艇上左右挪动。

上面所讲是一般景点内漂流应注意的事项。现在国内较为多见的漂流主要有竹筏漂流、橡皮舟漂流，也有较为特殊的如黄河陕西、甘肃段羊皮筏漂流，浙江天目溪推出的龙舟漂流等。用做漂流的工具不同，要注意的事当然也不一样。但是有一点是一样的，既然是漂流，当然离不开水，所以在穿着上应尽量选择简单、易干的衣服，但不要太薄或色彩太淡，要不万一掉到水里你会很尴尬的。鞋子最好是选择凉鞋，运动鞋浸了水短时间是干不了的，脚上的皮肤往往会被浸得胀肿。还有一点需要注意，身上尽量少带值钱又怕水的东西，比如高级相机等。如一定要带，那事先最好准备一个密封性好一点的塑料袋。许多景点漂流处都有物品寄存处。

操桨纵舟斗急流，漂流沿溪而下，水面开阔河流较缓时，尽可悠闲地挥挥桨，抬头看看周围的景致，但是遇到急流险滩时，就需要大家齐心协力，运用各种技巧同舟共渡，而漂流的精髓，也就体现在此了。

安全过险滩

到达险滩前，可先预测一下顺流而下的大致方向；然后招呼大家收桨，将脚收回艇内并拢，双手抓紧船沿上的护绳，身体俯低，不要站立起身，稳住舟身重心保持平稳，一般就能安然渡过。

冲出旋涡

河道水流较深时，常会出现旋涡，此时应尽量避免被卷入，绕行而过。如果被卷入的话，要保持镇静，让艇顺着洄流旋转，等转至旋涡外围时，大家全力划桨即可冲出困境。

避免冲撞

保持平稳、避免冲撞是漂流过程中须恪守的原则。实在避无可避时，要将舟身控制在正面迎撞的角度（侧面碰撞容易导致翻船），人员抓紧绳索。冲撞后舟身会与岸平行，此时这一侧的乘员要注意收脚以免夹伤。有时艇与艇之间会靠得很近，为防冲撞双方要相互配合往反方向划桨或抵开船身。

搁浅

石头密集之处，水道变窄，水深变浅，水流变急，很容易发生搁浅。此时不必慌乱，可用桨抵住石头，用力使艇身离开搁浅处。若此招不灵，就要派员下水，从旁侧或拉或推让艇身重入水流，而拉艇的人则要眼明手快，注意安全。

漂流时总会遇到这样或那样的危险，所以青少年除了知道怎样预防，学点漂流急救措施也是很有必要的。万一不小心落入水中，千万不要惊慌失措，救生衣的浮力足以将人托浮在水面上，而艇上的同伴应当伸出划桨让落水者攀抓。若落水者离橡皮舟较远时，要想办法上岸或停留在石头的背水面（迎水面水流强且容易被橡皮艇撞到）等待救援。翻船多发生在水流湍急的区域，往往是因为有人落水而造成橡皮艇重心不稳。翻船后应保持镇定，先将艇身扶正；重新登艇时注意两侧受力均衡，一侧人员爬上艇时另一侧要有人压住。掉落的划桨要及时拾回，否则到缓流区就只能用手划水了。最糟糕的情况是气室破裂，此时要调整艇上人员的位置，破裂气室的位置不要再坐人，设法保持橡皮艇稳定并靠岸等待救援。

蹦极的玩法和注意事项

蹦极，是近几年来新兴的一项非常刺激的户外休闲活动。不少青少年也对其很感兴趣，但是，蹦极中隐藏的危险是非常大的。青少年必须掌握蹦极的技巧以及一些意外事故预防和急救。

蹦极，是很多青少年朋友都比较熟悉的活动。跳跃者站在约 40 米以上（相当于 10 层楼）高度的桥梁、塔顶、高楼、吊车甚至热气球上，把一端固定的一根长长的橡皮条绑在踝关节处，然后两臂伸开、双腿并拢，头朝下跳下去。绑在跳跃者踝部的橡皮条很长，足以使跳跃者在空中享受几秒钟的"自由落体"。当人体落到离地面一定距离时，橡皮绳被拉开、绷紧、阻止人体继续下落，当到达最低点时橡皮绳再次弹起，人被拉起，随后又落下，这样反复多次直到橡皮绳的弹性消失为止，这就是蹦极的全过程。

蹦极，英文名为 bungy/bungee，这是个极好的音译词，在香港、台湾地区，人们音译为"笨猪跳"。然而，当这项运动从它的起源地发展到世界各地，就受到人们普遍的欢迎，甚至一些极限运动爱好者还要将自己的婚礼仪式放在蹦极塔上进行，一旦"礼成"，就纵身一跳，以示爱情的热诚与忠贞。而去蹦极的人非但不会被称做"笨猪"，反而能够拿到"勇敢者证书"。

世界最高的蹦极点位于南非东开普省齐齐卡马山中一座名为布劳克朗斯的大桥上，高度为 216 米，1997 年 12 月开始正式接待游人，游客中最小的只有 9 岁，最长者则是 84 岁的老人；第二高的蹦极点在瑞士的一个风景点的缆车上，高度为 160 米；第三高的蹦极点位于新西兰，蹦极高度为 134 米。

蹦极为什么会有两个英文名，可能的原因有两个：第一种说法，目前所知，bungee 最早出现于牛津极限运动俱乐部，他们管这项运动叫做 bungee。这项运动在新西兰叫 bungy，极有可能是由于拼写错误，但是由于在新西兰推广得很成功，人们普遍接受了 bungy，所以就有了这个词。第二种说法，bungy 和 bungee 是有差别的，bungee 所用的绳索是用多种材料复合而成，在北美通常用 5/8 英寸军事规格的绳索，伸缩率能达到 210%，现在也有使用 TR2 和 Ripcord，伸缩率分别达到 240% 和 280%。它的特点是有更高的自由落体，反弹时间更长，感觉更刺激。bungy 发源于新西兰，使用的绳索是橡皮绳（具有无限的伸缩），有可变的制动系统，能控制最大伸缩距离。它的特点是比较低的速度，比较高的反弹，感觉平稳，特别适合绑踝跳。

蹦极的玩法多种多样，按跳法分类有：

1. 绑腰后跃式。此跳法为绑腰站于跳台上采用后跃的方式跳下。此跳法为弹跳初学者之第一个规定基本动作，弹跳时仿佛掉入无底洞，仿若整个心脏皆跳出，约 3 秒钟时突然往上反弹，反弹持续四五次，定神一看，自己已安全悬挂于半空中，整个过程约 5 秒钟，真是紧张又刺激。

2. 绑腰前扑式。此跳法为绑腰站于跳台上面向前扑的方式跃下。此跳法为弹跳初学者之第一个基本动作做的另一种尝试跳法。此种跳法近似于绑腰后跃式，但弹跳者为面朝下，真正感受到视觉上的恐怖与无助，当弹跳绳停止反弹时能真正享受重生的欣喜。

3. 绑脚高空跳水式。此跳法为弹跳者表现英姿最酷的跳法。此种跳法是将装备绑于脚踝上，弹跳者站于跳台上面朝下，如奥运选手跳水时的神气风情，弹跳者于倒数 5、4、3、2、1 后即展开双臂，向下俯冲，仿若雄鹰展翅，气概非凡。

4. 绑脚后空翻式。此种跳法是弹跳跳法中难度最大但也最神气的跳法。此种跳法是将装备绑于脚踝上，弹跳者站于跳台上背朝后，于倒数 5、4、3、2、1 后即展开双臂，向后空翻。此种跳法需要强壮的腰力及十足的勇气，若您认为您的胆识超人，不妨在体验过绑腰、绑脚弹跳后，向自己的勇气挑战。

5. 绑背弹跳。此种跳法被弹跳教练喻为最接近死亡的感受。弹跳者将装备绑于背上，于倒数 5、4、3、2、1 后双手抱胸双脚往下悬空一踩，仿佛由高空坠落，顿时感觉大地旋转，地面事物由小变大，整个过程仿若跟死神打交道，真是刺激、过瘾到极点。

按地点分类大致可分为三种：

桥梁蹦极：在桥梁上伸出一个跳台，或在悬崖绝壁上伸出一个跳台。

塔式蹦极：主要是在广场上建造一个斜塔，然后在塔上伸出一个跳台。

火箭蹦极：顾名思义，将人像火箭一样向上弹起，然后上下弹跃。

按操作方法也有三类可分：

绑腰——踏出弹跳的第一步。

绑背——想尝试电梯断线后的坠落吗？

绑脚——可体验奥运跳水选手俯冲的快感。

按蹦极技巧和人数还可分为：自由式——可碰水、前滚翻、后滚翻、单人跳、双人跳等等，每种玩法都会让您有不同的感受。

蹦极中需要注意的事情很多。因为蹦极是种危险性极强的活动，所有参加的人上保险这是尤其重要的。

绑绳子的方法有很多种，如把背带套在身上，以及系住脚踝、腿或手臂。但无论哪种方法，安全指数都取决于是否被系好了。如果系着物看起来陈旧不堪，或者觉得哪儿不舒服，就不要跳。

还有的事故是由于人们从正升往蹦极点的升降机上摔下来而造成的。因此升降机启动之前必须要坐稳，不要在升降机启动之前就系上蹦极的绳子，否则绳子容易绕成一团。

许多蹦极点都针对不同的体重，配备了不同的绳索。这些绳子有不同的颜色和标签，标明适用于哪个体重范围。要问问教练绳子的规格，如果觉得不满意，就不要跳。

一些地方提供非常危险的蹦极形式。例如有些双人式蹦极，两人在狭小的空间内不受控制地上下弹跳，他们可能撞到对方，绳子也可能绞在一起。除非非常有经验，并且蹦极者之间的空间也足够大，否则应避免这种危险的方式。

还有一种沙包蹦极，活动中蹦极者手持重物，方法是当蹦极者接近地面时扔掉重物。由于落下时要沉得多，弹力绳聚集的力量能使人向上弹出时高过起始的平台高度。这种活动的危险是有可能撞到平台。

在决定蹦极之前要确保天气状况良好。如果风力很大，会影响弹跳的方向，带来不安全因素。如果当地在下雨，或最近一段时间经常下雨，绳子可能受潮，也会造成安全隐患。

跳之前要确定所有设备都能安全使用。蹦极一般用竖钩或弹簧来保证安全，这些设施应该被牢牢地固定在正确的地方。曾经因为这些设备没有安装对地方而发生过事故，因此起跳前应该确保它们已经安装好。

确保绳子垂出去的方式能够让你安全弹跳，如果绳子被钩住或缠在一起的话，你就有可能受伤。

许多蹦极点都使用一条主安全绳，另外还有一条备用绳，以在第一条发生断裂时派上用场。曾经发生过这样的事故，第一条安全绳断裂，而备用的那条长度又不对。

蹦极对身体素质要求较高，凡是有心脑血管病史的人不能参加。凡是深度近视者要慎重，因为硬式蹦极跳下时头朝下，人身体以 9.8 米 / 秒的加速度下坠，很容易脑部充血而造成视网膜脱落。跳下前应充分活动身体各部位，以防扭伤或拉伤。着装要尽量简练、合身，不要穿易飞散或兜风的衣物。跳出后要注意控制身体，不要让脖子或胳膊被弹索卷到。

野营时的六项注意

野营是比较受青少年喜爱的活动之一。班级中会组织野营，有些青少年在假期的时候也会和同学或是和家人野营，无论哪种组织方式，安全问题都应该放在第一位。学会野营的安全常识才能更好地保护自己。

野营不同于一般的郊游，需要很足的勇气和胆量。野营前知道一些注意事项会让野营安全又舒适！青少年去野营时必须要注意：

1. 选择平坦的地面

很多青少年在晒日光浴时，都喜欢躺在像地毯一样修整光洁的草坪上，但是在露营时，在一块天然的草地上露营并不是合理的选择。因为草地不够平整，非常潮湿，而且在炎热的天气容易滋生多种蚊虫。

落叶森林的层层落叶上或者针叶林铺满地面的松针之上、某些富含矿物质的土壤上、水流边的沙滩或者碎石堆上，是搭建营地的好地方，当人躺在防潮垫上时，会发现睡在坚硬而平整的地面上会比柔软但坑洼不平的地面舒服得多。

2. 地势的高低

如果有不同的海拔高度可以选择，那么理想的地点应该是可以防风防雨、山洪淹不到的高处，那里也不会受到落石和雪崩的威胁。另外，海拔高低和温度有直接关系。如果感到寒冷难耐，应该尽量往低海拔地区移动；如果在闷热的天气中，则可以向相反的高海拔移动。

3. 多花一点时间

多花一些时间找一个更舒服的露营地是十分值得的。在确定安扎帐篷地点时，可以把垫子拿出来试着在一块地面上铺一下。然后躺到上面检查是否过于倾斜或者有明显的突出物，那些都是让人整夜不得安眠的东西。

4. 躲避来自上方的危险

如果营地建在了可能发生落石、塌方、雪崩、泥石流的地方，是要冒很大风险的。如果迫不得已一定要在这些地方露营，应该避开山脚下的低洼地带和这些可怕的东西直接经过的地方。另外，在树林中寻找搭建帐篷的地点时，应该注意避开那些已经开始往下掉树枝的死树，这些树枝可能扎破新帐篷或者砸伤人。还应该看一看附近有没有因为靠在别的树木上才没有倒下来的死树枯枝。闪电雷劈经常会导致这种情况发生，一场大雨或者一点风都可能让它倒掉。另外，注意观察周围是否有大的蜂巢也很必要。

5. 排水性的优劣

选择营地时，排水的性能十分重要，尤其是在可能有倾盆大雨来临时更是如此。不但应该避免低洼地带，而且也应该避免完全平整的地面。尤其是那种没有缝隙的被压得很结实的土地，这种地面将导致雨水无处可流而且不容易渗入地面。在干燥的地区旅行时，在旱季即将结束的时候，不要选择在干涸的鹅卵石河道上扎营，一场暴雨就可能让这些地方变成一条宽阔的河流。在山区旅行，更应该找到洪水可能到达的最高水位线。因为暴雨会使得小溪变成激流，每小时水位可以上涨好几米，甚至完全超出河道的范围，所以在河道上虽然平坦舒适，但某些季节是不适合在这里露营的。

6. 躲避蚊虫

在炎热而潮湿的天气里，成群蚊子对于露营者来说可能是最可怕的东西。这种情况在没有一丝风的夜晚会更加严重，所以在选择露营地时，应该注意不要选择死水塘边、茂密的草地中和任何可能有积水的地方，这正是蚊子孳生的地方。蚊子不会在通风的地方聚集，所以在闷热的夜晚选择风口的地方是个好主意，比如两座小山之间的地方，或者通风的隧道。在一个刮着大风的夜晚，应该把帐篷搭建在一个背风处。有风的坏天气里，应该尽可能地把帐篷搭在矮灌木丛中或者大石头堆中。在暴风雨来临时，首先要考虑的不是舒适与否的问题，而是选择的地点能否保证帐篷的安全，在大风中平坦的地势并不是好的选择。

7. 露营健康管理和卫生管理

营地的野营生活，要在身体与心理均健全的状态下活动，是基本条件。要"自己看好自己的身体"，养成积极自我管理的习惯。

首先，应注意卫生管理的问题，以预防食物中毒及传染病的发生。其次，剧烈的环境变化，会对身体产生影响，因此，到营地后，要与平时一样地饮食、睡眠。

到达营地之后，应特别注意下列各点：第一充分摄取营养价值高的食物，补充足够的热量，并饮用足够的水分；第二要有充分的时间睡眠，不做不合理的日程编排。

野营时怎样点火

学会生火是在野外生存不可缺少的技能，无论春、夏、秋、冬，只要在野外过夜，都应该学会生火。夜里升起篝火，冷天可以防寒，热天可以驱逐蚊虫，同时还可以烧烤食品和烧开水，以及防止野兽袭击。

首先要找块干燥的地方，如果雨天实在找不到干燥的地方，找几块石片垫在地上也可以，这样柴草才容易燃烧起来。生火地点周围要是杂草较多，就应先把火场收拾干净，以防止引起山火。

找好火场，再拾些干草或干树叶放在最底层，草叶上面放一层细的干树枝，上层再放粗些的干柴；放柴草的时候，中间还要虚一些，让它透气，这样空气里的氧才能更好地助燃，俗话说"人心要实，火心要空"就是这个道理。点火的时候，要在上风头点，这样火就会越燃越旺。火着起来以后，还要不断地加些干柴，以保证火堆的旺势，如果火势着得过旺，也可以加些湿柴压一压，以减小火的势头。离开火场时，一定要彻底把火弄灭，以防发生意外。

前面讲的这些，是一般在野外生篝火的常识，这种篝火和野炊烧火的方式还有所不同。因为野炊不仅做饭而且还要炒菜，因此火堆就不能太大，火力还得够用，这就得用砌灶的办法把火拢起来。

砌灶的办法是：选好砌灶的地点后，先在地上挖个直径一尺长、深半尺左右的坑，把坑底的土踏实，再在坑的四周垫上三块架锅石头，土灶就算砌成了。要是找不到石头，也可以把地上的土铲成砖形的长方形块，拿来当石头用，同样可以把灶砌起来。但要记住，灶门一定放在上风口，下风口要留出烟道。点火的方法和前面讲的生火办法一样。如果是煮面条、做汤或是烧开水，搭个支架把锅挂起来就行，但要注意不能让火烧到支架，吊锅线最好用金属的，免得被火烧断，使锅子落下来。

野营时正确采集野生物

在山区，野生植物的种类很多，应学会如何分辨。下面所说的野生植物都是可以放心食用的，青少年应记住。

蕨菜。这种菜多数长在山坡烧过的荒地里，它最好吃的部位是春天从地下钻出半尺多高的长茎（没长叶之前），当然，长出叶子以后仍然是可以吃的。

野百合的根。野百合在我国的东北和西北地区都叫山丹花，花朵是红的，根茎是白色的，形状像个大蒜头，既是一种中药，也可以食用。

苦苦菜、蒲公英。这些野菜多数长在平地，或是山脚下的荒地里，味虽然有点苦，但临时充饥还是可以的。

黄花菜的花。这种花菜必须煮熟了再吃，生吃有微量的毒，要防止中毒。另外还有和菜园里的芹菜长得差不多的野芹菜，和蕨菜长得差不多的"山玉米"以及"猫爪"等等都是可以吃的。

如果是在夏秋季节就可以找些野果来吃了，主要有：

榛子。八九月间，可以采到榛子，这是一种灌木结的果实，果仁很好吃。主要生长在向阳的山坡上，果实成熟后会落到地上，到了深秋，就得到地面上去找了。

野葡萄。样子和市场上卖的葡萄一样，只是颗粒小一些。夏季果实青时，味道差一些，到了深秋果实变成深紫色，味道完全可以和市场上葡萄相媲美。对了，要是在春季实在找不到吃的，葡萄的须尖和嫩叶也可以吃。

野生猕猴桃。生长在深山里，形状和市场上卖的猕猴桃一样，也就是个头小，特别是到了深秋叶子落了以后，熟透的野猕猴桃味道更甜。

山里红、山楂，这是大家都熟悉的，此外，还有山梨、杜梨、野刺玫、山胡桃、橡子等等，这些果类食物在山里都可以找到。

除了菜类和果类，还有不少菌类植物也可以吃的：

首先是蘑菇。夏秋季节在长榛子的地方，可以采到榛蘑；深秋在有松树的地方可以采到松蘑；夏季在长柳树的地方可以采到柳蘑。其他像杨、榆等树木附近都可以采到蘑菇。拾到的蘑菇最好晒上半天，看有没有毒蘑，因为毒蘑一晒就会变软和烂掉。

木耳。它生长在柞树的朽木上，这是很好吃的食物，但不大容易找到。因为它的价值较高，近山的木耳都被人采走了。榆树的朽木上也长一种木耳，个儿大但味道差些，人们也叫它沙耳。地衣，也叫地浆皮，样子像海白菜，但很薄，多数长在近山荒地的地表，春天冰雪消融以后，或是夏秋季节的阴雨天，它都会变得像泡开的木耳似的显露在地面上，拣起来弄干净就可以吃。

野外如何收集急需用的水

在野营的时候如果急需用水可以采取下列方法：

1.收集植物的蒸发水。我们知道春夏季节，是植物生长的旺盛时期，每一棵大大小小的植物，每天都要用它们的根从土壤里吸收一定数量的水分和养料，送到身体的各个部分去，以维持自己的生命。这些水分又有相当一部分从叶面上蒸发到空气里去，如果把这些水分堵住，不让它们跑掉，再把它们收集起来,就可以拿来应急了。具体办法是,用一块较大的塑料布,把一些灌木罩起来,灌木蒸发出来的水分就会在塑料布上凝成水珠,再小心地把这些水珠收集到一起,就达到目的了。

2. 收集露水。在夏秋季节,白天热夜里凉,白天地面受热就会散发出水蒸气;夜里一凉,这些水蒸气就会变成一颗颗露珠,附在植物的叶子上。如果把大块的塑料布铺在地上,露珠就会凝结在塑料布上,这样就可以收集到相当可观的露水拿来饮用。这种办法,比前一种办法更可靠。

3. 截住树干的水。像椴树、白桦、梧桐等快生树,每天都要从地下吸收大量的水,通过树内皮输送到树的各部位去,如果把这些树皮割开一个缺口,缺口处就会有水滴不断地流出来,这也可以救急。

4. 在南方割开仙人掌一类的含水多的植物,同样可以获得应急水。野外觅食是野外生存的主要手段,包括采食野生植物、猎捕动物两个方面。

野外受伤的救治

野营时发生野外受伤的事故在所难免,但是不用紧张和害怕,不同的情况要学会不同的处理。

昏厥:野外造成昏厥的原因多是由于摔伤、疲劳过度、饥饿过度等造成。主要表现为脸色突然苍白,脉搏微弱而缓慢,失去知觉。遇到这种情况,不必惊慌,一般过一会儿便会苏醒。醒来之后,应喝些热水并休息。

中毒:症状是恶心、呕吐、腹泻、胃疼、心脏衰弱等。遇到这种情况,首先要洗胃,快速喝大量的水,用手指触咽部引起呕吐,然后吃蓖麻油等泻药清肠,再吃活性炭等解毒药及其他镇静药,多喝水,以加速排泄。为保证心脏正常跳动,应喝些糖水、浓茶,暖暖脚,立即送医院救治。

中暑:症状是突然头晕、恶心、昏迷、无汗或湿冷,瞳孔放大,发高烧。发病前,常感口渴头晕,浑身无力,眼前阵阵发黑。此时应立即在阴凉通风处平躺,解开衣裤带,使全身放松,再服十滴水、仁丹等药。发烧时,可用凉水浇头,或冷敷散热。如昏迷不醒,可掐人中穴、合谷穴,促其苏醒。

冻伤:如发现皮肤有发红、发白、发凉、发硬等现象,应用手或干燥的绒布摩擦伤处,促进血液循环,减轻冻伤。轻度冻伤用辣椒泡酒涂擦便可见效。如发生身体冻僵的情况，不要立即将伤者抬进温暖的室内，应先摩擦伤者肢体，做人工呼吸，待伤者恢复知觉后再移到较温暖的地方抢救。

蜇伤：被蝎子、蜈蚣、黄蜂等毒虫蜇伤后，伤口红肿、疼痒，并伴有恶心、呕吐、头晕等症状。要先挤出毒液，然后用肥皂水、氨水、烟油、醋等涂擦伤口，或将马齿苋捣碎，汁冲服，渣外敷。也可用蜗牛洗净后捣碎涂在伤口上。此外，蒜汁对蜈蚣咬伤有疗效。

遇到毒蛇怎么办

除眼镜蛇以外，蛇一般不主动攻击人。蛇的听觉和视觉较差，但感觉灵敏，对栖息处的地面或树枝的振动极为敏感，一遇响动便会逃之夭夭。因而部队在丛林地区行进，可手拿棍棒"打草惊蛇"。通常蛇在遇到人而又不及躲避时便蜷曲成一团，并将头弯在中央，警惕地注视着发出声响或敌害晃动的方向。此时，人如果不注意而未发现它，或无意踩及触及它，毒蛇便会冲出来咬人。因此，在毒蛇出没的地区行动时，应随时警惕，以减少被咬的可能性。一般被蛇咬的部位有70%以上是足部。

在多蛇的热带丛林中活动，还要警惕树上有无毒蛇。野外露营时，在住地周围适当撒一些六六六或灰粉，以防毒蛇侵入。睡前检查床铺，压好蚊帐，早晨起来检查鞋子。做到这些，一般可保无虞。

人一旦被蛇咬伤，首先应分清是无毒蛇还是有毒蛇咬的，这可从皮肤的伤痕辨别。如确系无毒蛇咬伤（一般在15分钟内没有什么反应），可按一般伤处理。若无法判断，则按毒蛇咬伤处理。被毒蛇咬伤后，切不要惊慌失措和奔跑，而应使伤口部位尽量放到最低位置，保持局部的相对固定，以减缓蛇毒在人体内的扩散和吸收。应立即用柔软的绳子、布条或者就近拾取适用的植物茎、叶，在伤口上方约2～10厘米处结扎，松紧程度以能阻断淋巴和静脉血的回流，而又不影响动脉血流为宜。结扎的动作要迅速，最好在受伤后3～5分钟内完成。以后每隔15～20分钟放松1～2分钟，以免被扎肢体因血阻而坏死。结扎后，可用清水、冷开水加盐或肥皂冲洗伤口，以洗去周围黏附的毒液，减少吸收。经过冲洗后，再用锋利的小刀挑破伤口，或挑破两个毒牙痕间的皮肤，同时可在伤口周围的皮肤上用小刀挑开如米粒大小破口数处。这样可使毒液外流，并防止创口闭塞，但不要刺得太深，以免伤及血管。咬伤的四肢若肿胀严重时，可用刀刺"八邪"或"八风"穴进行压排毒。还可直接用嘴长时间吸吮伤口排毒，边吸边吐，每次都要用清水漱口，若口腔内有黏膜破溃、龋齿等情况就绝不能用口吸，以免中毒。若有蚂蟥，可捉几条放在伤口上吸出毒血。在施用有效的蛇药30分钟之后，可去掉结扎。如无蛇药片，可就地采几种清热解毒的草药，如半边莲、芙蓉叶，以及马齿苋、鸭跖草、鱼腥草等，将其洗涤后加少许食盐捣烂外敷。敷时不可封住伤口，以免妨碍毒液流出，并要保持药料新鲜，以防感染。

牢记标志

五 着火了，孩子快跑

Tips——青少年安全小提示

1. 学习预防家庭火灾的常识，掌握电线电器起火、油锅起火、液化气起火等不同情况下的处理方法。家里发生火灾时，如果有浓烟，应用湿毛巾或衣物捂住鼻、口，尽可能俯身或爬行出门，开门时用衣物或毛巾将手包住，以免烧热的门把烫伤手。

2. 在成人带领下，在规定时间和指定地点燃放烟花爆竹，按说明燃放，注意自身安全，做好自我保护。尽量选购火药量较小的玩具烟花，不要购买具有伤害性的礼花弹、大型烟花。

切忌生活用火不慎

火灾的发生原因多种多样，青少年在家的时间比较多，家庭安全得以保障是青少年健康、快乐成长的关键。每一个青少年都应该了解家庭失火的原因，只有这样才能达到更好的预防，才能减少火灾对青少年的伤害。

在日常生活中，几乎每天都和火打交道。生活用火不慎主要表现在：煤、柴炉灶内蹿出火焰、火星，引着附近的可燃物；烟囱或金属烟筒与建筑物的可燃构件或周围的可燃物靠得太近，炽热的烟道烤着或烟道裂缝滋火引着可燃物起火；燃烧的煤、柴碎块崩落到炉门外面，引燃周围的可燃物；在炉火旁烘烤衣服等可燃物，因距离太近又无人看管，使烘烤物被烤着起火；炉灶点火时，使用汽油、酒精等易燃液体引起火灾；将未完全熄灭的炉火倒在外面可燃物上，死灰复燃或被风刮到可燃物上引起火灾；火炕因

无故不居危
——远离危险

用火过多，使炕面过热，烤着炕席、衣服或被褥等物起火；起油锅时加热时间太长，引起自燃或不小心泼出遇火燃烧；在火炉上煨、炖肉食时，无人看管，浮在汤上的油溢出锅外，遇明火燃烧；躺在沙发上、床上或在有可燃气体、易燃液体蒸气散发的场合吸烟，或乱扔烟头、火柴梗等引起火灾；火盆、火桶内的火烧得太旺或脚炉手笼等放在被窝内取暖或长期固定在木架上引起火灾；油灯、蜡烛的火焰靠可燃物太近或打翻油灯燃着时引起火灾；点燃的蜡烛、蚊香放在可燃器具支架上，燃完时无人发现；焚烧锡箔、纸钱等进行祭奠时，对火源管理不善；在可燃材料较多或严禁燃放烟花爆竹的场合燃放烟花爆竹；燃气炉灶使用不当。

电器设备安装使用不当易引发火灾

家用电器的普及无疑丰富满足了人们的生活。但是由于对家用电器的一般火灾危险性了解不多，在使用过程中发生了一些不该发生的火灾，给许多家庭带来了灾难和经济损失。

电器设备安装使用不当主要表现有：碰线或电线老化、受潮引起短路打出火花，引燃附近可燃物；用铁丝、铜丝取代保险丝，超负荷时引起电线的橡胶、塑料绝缘层燃烧或接触不良发热引起相邻的可燃物炭化后起火；电热毯使用不当，如通电时间过长，折叠起来使用或质量不合格，元件受损、温控装置故障、受潮；电熨斗、电烙铁不遵守安全操作规定，人离开后未切断电源或未完全冷却就放置在可燃物品上；电熨斗、电烙铁长时间通电或调温器失灵，不燃垫具传热；电炉高温辐射引燃周围可燃物，尤其是在突遇停电后，使用者未拔去电源插头就离开的情况下；使用大功率电炉时，导线过细或插座容量过小，使导线绝缘发生燃烧或插头过热打火；偷用电炉，怕人发现，致使地点选择不当或未及完全冷却就藏入床下、柜下，余热引起可燃物燃烧；电视机长时间通电或通风不良，遇过热、震动、冲击、碰撞、剧冷、潮湿或机内电阻、电容、晶体管等电子元件差，室外天线无防雷装置；电冰箱设计有缺陷，水滴入电器开关盒引起漏电打火，引燃塑料内壁或在电冰箱内存放燃易爆化学危险物品，因未密封或密封截门在低温作用下收缩失效，导致泄漏，遇到启动或停机时的火花发生爆炸；白炽灯泡临近或接触可燃物，导致表面高温引燃可燃物或灯泡底下存放可燃物，灯泡破碎时，高温灯丝掉落引起火灾；洗衣机波轮超负荷或电压低于198伏或电机绝缘损坏时，会导致线圈发热，冒烟起火；洗衣机质量低劣或电容绝缘能力降低，漏电流逐渐增大后，电容器会发生爆炸；洗衣机洗衣时，加入汽油等易燃液体作去污剂，汽油蒸气遇电火花发生爆炸；电风扇电动机在电压严重波动、电机绕组短路、电机轴承损坏、缺润滑油剂时都会造成电动机温升过高，超过一定极限时，绕组会冒烟起火；电风扇调速开关受潮，铁芯绝缘不良，涡流增大时，会引燃塑料装置等可燃物；电风扇电容器耐压不足或漏电流增大会引起爆炸喷火；电源开关装置在直流部分未拔去插头长时间通电，电源变压器会严重发热，以致造成火灾；收音机、收录机在电压偏高或满功率连续使用时间过长时，也会造成变压器严重过热，烧毁；收录机、录像机磁带故障，马达被卡住不转，马达线圈电流增大会导致发热起火；由于质量上可靠性不高，电容、电阻、电感、晶体管及集成块烧坏，也会造成火灾事故；电饭锅、电热杯长时间通电无人看管，引燃底下或周围可燃物；电钟年久老化，电压偏高时，线圈绝缘击穿，造成短路起火；窗式空调机电容器质量不好，内部击穿放电引起喷油起火。青少年在使用电器的时候一定要注意这些，家人在使用的时候也要提醒他们注意，要养成正确使用家用电器的好习惯。

青少年应远离易燃易爆品

现代家庭生活中，难免会和一些易燃易爆品接触。例如，有私人汽车或摩托的，家里难免要存放一定的汽油；装修房间的人家，总要使用胶水、油漆、香蕉水等。此外，这类物品还有白酒、酒精、指甲油、染发水、喷发胶、空气清新剂等等。这类物品引起火灾的原因主要表现为：存放汽油、酒精等易燃液体的容器泄漏或操作使用时不小心泼出，遇明火或电火花引起燃烧；粗心大意，在进行加油、涂漆等操作时，不避开火源，甚至抽烟，以致引起火灾；装修房间过程中不注意通风，易燃液体蒸气遇火引起爆炸；不了解某些物品的性能，把性能相抵触的药品存放在一起，如将PP粉（高锰酸钾）与甘油或酒精存放在一起；等等。

有些青少年自己待在家的时候喜欢玩火柴，划火柴的时候如果身边有易燃的物品，如书籍、衣服等，就很容易引发火灾。

谨防聚焦引起的火灾

在日本，有位金鱼爱好者把球形金鱼缸放在窗边的席子上，结果盛满水的金鱼缸起了凸透镜的作用，把太阳光聚集到席子上，导致了一场大火。据日本东京消防厅统计，1980～1983年间，这个地区由于聚焦而引起的火灾多达23起。

聚焦引起的火灾主要有：花玻璃或带有气泡的玻璃，长时间受到强烈光照，聚焦引燃可燃物；窗口放置无色透明的茶具、酒瓶、球形金鱼缸受光照引起聚焦；靠窗放置的书桌等物体上的眼镜、放大镜、望远镜及其他凸透玻璃器皿和凹面镜受光照引起聚焦；台玻璃及其他平板玻璃上的水珠，由于其表面张力的作用，也能引起聚焦。

消除日常生活的火灾隐患

火灾是对人类生命和财产构成严重威胁的事故之一。其中有一部分火灾是由于人们不注意防火安全造成的。青少年在日常生活中应加强防火安全意识，因此要做到以下几点：

1. 加强安全措施，消除火险隐患。居住环境要清洁整齐，不要堆放易燃物，尤其是门口、窗台两侧及楼道，如堆满杂物，既易引发火灾，也阻碍火灾时的撤离。

2. 注意用火安全，无论是使用燃气、煤、电、油、柴草、沼气等燃料做饭或取暖时都应如此。用火时人不应离开，用火毕要关掉气源、灭掉柴灰、封好炉子。用油锅炒菜或炸食品时，火不能烧得太旺。用火笼取暖或烤衣物，要防止打翻或引燃。

3. 使用油灯、气灯、蜡烛照明，注意不要让其倾翻。不能用蜡烛照明到床下、杂物堆中寻找东西。

4. 吸烟是引起火灾的主要原因之一。1987年发生的大兴安岭火灾，就是由吸烟引起的。许多家庭火灾也是由吸烟造成。

5. 烟花爆竹也容易造成火灾。在禁止燃放烟花爆竹的地方，青少年们不要违反规定；在允许燃放烟花爆竹的地区，大家尽量选择那些安全系数高的产品，在没有易燃物的空地上燃放，而不要靠近柴草堆或房屋。

6. 安全使用家用电器。选购安全合格的家用电器和电器配件（插座、电线、开关等）。使用电器时人不能离开（如使用电熨斗时人若离开，极易造成温度过高而引燃衣物），使用完后要拔掉电源插头。

7. 家庭中要配备小型灭火器，要知道正确报告火警的方法。全国统一的火警电话为119。报火警时要说明火灾发生的地点、时间、单位、火势大小，并说明自己的姓名、住址，然后到街口或最近的路口等候引导消防车。报告火警是一件严肃的事情，青少年们不要以此为乐而谎报火情，谎报者要负法律责任。

提高野外防火安全意识

在日常生活中注意防火安全，在野外时也要提高安全防火意识。中学生们很喜欢在相宜的季节或假期相约结队到大自然中游玩、锻炼或娱乐。家住农村的学生在课余或假期也需要帮助家里到田地里或山坡上劳动。在野外游玩或劳动时，要注意如下事项：

1. 尽可能不要在野外生火，封山育林区或禁火区更是如此。可以进行野餐的地方，最好选择离水源近的地方生火。野餐结束后，应仔细检查火种是否完全熄灭，尚有余热时则应浇水熄灭。

2. 在野外时不要吸烟或放鞭炮。

3. 野营时用电筒照明，不应使用蜡烛、油灯或柴棒、草束。

家庭防火安全须知

火的危害是人所共知的。但在日常生活中，人们常常忽视许多容易造成火灾的小节。在家庭防火中，特别应该注意以下几个方面：

1. 管好火源。液化石油气灶要放在厨房或单独的房间里，不要和炉火在同一个房间使用。房间要保持通气良好；无论使用液化石油气灶、煤气灶或炉火时，人都不可离开，发现漏气或意外事故要及时采取措施。

另外，易燃品要远离火源，如炉火旁不要放置白酒、酒精、煤油、易燃化工品等。

2. 及时关闭电源。电器不使用时要拔掉插销，如录音机、电视机等，这样对防止火灾烧坏电器有一定效果。还要注意使用电器设备不要超负荷，不要随随便便更改或乱拉电线。

3. 教育儿童不要玩火。火柴、打火机等引火物要放在儿童拿不到的地方，不要让孩子单独待在家里。

4. 燃放鞭炮、使用蚊香都应远离可燃物。鞭炮炸碎后的纸屑有些是带火的，如果随风飞扬，落到可燃物上，极易引起火灾；蚊香应用金属支架支起来放到地面或不燃的物体上，与床单、蚊帐、窗帘、书报等可燃物保持一定的距离，以保证防火安全。

5. 吸烟要注意防火。吸完烟时要把烟头掐灭，不要随手将烟头扔在废纸篓里或随便放在什么地方。尤其应注意勿把烟灰掉在沙发、被褥、衣物、书报上。不要躺在床上、沙发上吸烟，也不要在酒后吸烟，以防因神志不清而将烟头掉落或乱丢。还应注意不要往窗外或阳台下扔烟头。

6. 家中不可放置汽油、大量鞭炮等易燃易爆物品。储存棉花应注意防潮、防油污。棉花导热性能差，热量不易散发，如果放在箱、柜等通风不良或闷热的环境中容易产生自燃。

7. 楼房阳台不要堆放废纸、木料等可燃物质；楼道要通畅，不要堆放物品，以利火情发生时人员疏散。火灾初起阶段，一般燃烧面积很小，火势较弱，在场人员如能及时地采取正确的灭火方法，就能迅速将火扑灭。

安全使用电熨斗

电熨斗是家中常见的电器，但是有的同学不了解电熨斗的正确使用方法，电熨斗如果使用不正确也是很容易发生火灾的，青少年在使用的时候一定要注意。电熨斗的功率有大小之分，功率越大，放出的热量越大，温度也越高。因此，通电后的电熨斗如果长时间接触棉花、布匹、木材等可燃物，很容易引起火灾事故。

电熨斗的安全使用必须要做到：

1. 电熨斗供电线路导线的截面不能太小，不能与家用电器同用一个插座，也不要与其他耗电功率大的家用电器同时使用，以防线路过载引起火灾。

2. 选用保险应该能承受电熨斗的电流，电熨斗用的保险最好单独装置，这样更加安全。

3. 不要使电熨斗的电源插口受潮并保证插头与插座接触紧密。

4. 通电使用电熨斗时操作人员不要轻易离开。在熨烫衣物的间歇，要把电熨斗竖立放置或放置在专用的电熨斗架上，切不可放在易燃的物品上，也不要把电熨斗放在下面有可燃物质的铁板或砖头上，应放在不导热的垫板上，如陶瓷、耐火砖等耐热的垫板。

5. 使用普通型电熨斗时切勿长时间通电，以防电熨斗过热，烫坏衣物、引起燃烧。不同织物有不同的熨烫温度，而且差别甚大。因而熨烫各类织物时宜选用调温型电熨斗。但须注意，当调温型电熨斗的恒温器失灵后要及时维修，否则温度无法控制，容易引起火灾。

6. 用完电熨斗后，立即拔下电源插头，切断电源，以免引起火灾。

7. 不随意乱放刚断电的电熨斗，要待它完全冷却后再收存起来。

燃放烟花爆竹要注意安全

燃放烟花爆竹是我国大部分地区喜迎佳节吉日、操办婚丧喜事的重要形式之一。青少年尤其喜欢这种带有娱乐性、冒险性的活动。但是，烟花爆竹质量不好或燃放不当，就会发生一些伤人起火的意外事故，给人们的生命财产安全带来威胁。

1. 选用质量好、安全性能高的产品和品种。不要购买那些没有正规包装的烟花爆竹，更不要购买一些家庭作坊自制的产品，一些爆炸力较强和威胁性较大的品种应禁止使用。

2. 燃放地点选择一些开阔的空地，避开仓库、堆着粮草的场院、柴禾堆和茅草屋。不能在室内燃放，也不要在门口、窗台燃放。

3. 按照产品说明书的要求进行操作。比较安全的做法是将烟花爆竹正确摆放以后，用一根点着的熏香去点燃，然后迅速远离 5 ～ 6 米左右。鞭炮一时未响，不要急于上前察看。不可以逞能将鞭炮抓在手中点燃，否则会因丢得不远或不及时而伤人。

4. 燃放烟花爆竹最常出现的伤害事故是崩伤手、足、面部和眼睛。所以要注意保护这些部位，尤其是眼睛，一旦受伤，将悔之莫及。

5. 燃放爆竹要讲究道德，不能将之扔到人群中，以免伤害他人。

家庭失火了怎么办

家庭失火的原因多种多样，不同的情况有不同的解决方法。如果遇到油锅着火就应该双手垫上抹布等物，把锅迅速端离火源，并盖严锅盖，将火压灭。如果烧的是煤气或油气，要先关气门，再用锅盖压灭。如果旁边有切好的青菜，也可将菜抛入锅内，以助灭火。

衣服、被褥、棉花等物着火，可用水浇灭。汽油着火可用沙土埋灭，如用干粉灭火机更好。儿童玩火引发火灾，应即就地取材进行灭火，如用毛毯、棉被迅速将火焰盖住，然后浇水扑打，将火焰扑灭。如有条件时，应迅速撤离其他可燃物品。要特别注意的是，扑救火灾时，不要随便开启门窗，因为开启门窗使空气大量流入，会加速火势蔓延速度。同时，不正确的开启方式，人还会被突然蹿出的火焰灼伤。

家用电器着火，要立即拉断电闸，或者拔下插销，然后用毛毯或湿棉被捂盖。切记不可用水扑救，因为水能导电，容易造成触电伤人事故。

液化石油气易燃易爆，使用时要特别注意：必须先点火，后给气。这是因为液化石油气在空气中达到一定比例时，即形成爆炸性混合物遇到明火就会爆炸，所以如果先给气，极易引起爆炸火灾或伤人事故。钢瓶不要靠近炉火、暖气等火源、热源。在同一房间不要同时使用液化石油气灶和炉火。每次更换钢瓶时，接口与减压阀接好后，要用肥皂水涂抹在接口处，检查是否漏气。不要用明火检查是否漏气。不要将瓶内的残液倒出，防止气体扩散引起火灾。用完后要关好阀门。要经常检查钢瓶连接处及阀门是否严密，如果闻到有液化石油气的气味时，应打开门窗通风散气，这时千万不可点火，也不要开关电器设备，防止漏气起火或电火花接触引起爆炸燃烧，钢瓶上的垫圈如老化或损坏要及时更换。不要用明火烘烤钢瓶，也不要放在阳光下曝晒，更不能将气瓶倒置或横放。

不要摔、撞或用铁器敲打钢瓶。换气时要选择阀门完整、不松动、瓶体没变形的钢瓶。

如果液化石油气灶一旦发生着火事故，应采取以下方法进行扑救：

1. 用湿布垫着关严角阀，断绝气源。

2. 抓一把干粉，对准喷火口用力抛打，熄灭或减弱火焰，并随即关上角阀断绝气源。

3. 当周围可燃物被点燃时，如果火势不影响抢救钢瓶，可先将瓶火熄灭，并迅速把钢瓶搬离火场，然后再扑救火灾。倘若周围火势影响抢救钢瓶，应先扑灭周围的火，并尽快把钢瓶抢出。总之，防止钢瓶在火中爆炸是非常重要的。

发现邻居家着火了怎么办

邻居家着火了，不可贸然闯入房内救火，正确的做法是通知其他邻居或过往行人，请求扑救。

打火警电话。协助成年人做些辅助性的救火工作，如引导消防车、运水及沙土等，切记中小学生不要直接参与救火。不是所有的东西都是可以用来救火的，水是家中最实用最简单的灭火剂。若是纸张、木头或布起火，可用它来扑灭。但如果是电器、汽油、酒精、食用油着火，则不可用水扑救。土、沙土、湿的棉被、麻袋能灭火，扫帚、拖把、衣服、镐等也可作为灭火工具。关键在于快，不要给火蔓延的机会。

电器设备着火了怎么办

遇电气设备着火时，首先要区分是高压还是低压。通常所使用的电气设备是220伏和380伏的，一般其线距在0.5米以下，杆距在50米（农村60米）内，在输配电方面，往往有高压，对高压要特别小心。电气设备发生火灾时，如果能够切断电源，应及时切断。对一般低压电源，只要知道开关位置，一般人都可以进行断电操作。但切断高压电源的工作必须由电工或懂高压电操作的人进行。

断电后的火灾扑救与其他类似的火灾扑救方法相同。有时，由于情况紧急，为了争取灭火时机，防止火灾蔓延扩大，或因为生产需要及其他原因无法切断电源时，必须在带电的情况下进行扑救。事实上，电气火灾也并不可怕，只要我们掌握一定的方法，完全可以在带电情况下进行扑救。使用 1211、1301、二氧化碳和干粉灭火器灭火时，扑救 110 千伏以下的电气火灾，只要保持 1 米的安全距离即可。对于 220 伏、380 伏的低压来说，安全距离可缩小到 0.4 米。

如果电视机内部起火，要马上切断电源，切不可用水浇，以防热胀冷缩，显像管爆炸。如果电视机有明火，在切断电源后，应迅速用棉被、毯子把电视机紧紧包住，阻绝空气流通，扑灭火苗，防止显像管爆炸伤人。

对于泡沫灭火器，传统的观点认为是不能带电灭火的，因为泡沫是导电体。在泡沫灭火器的扑救编号上，一般也不标电气一类。其实，泡沫灭火剂虽是导电体，但也有较大的电阻率，并不是良导体，而且在喷出接触燃烧体时，会形成泡沫，这时，电阻率会大大增加，漏电电流会变得很小，对人体不会产生多大的影响。用以扑救低压电气火灾，只要操作得当，是不会有危险的。我们的灭火实践和消防训练早已证明了这一点。只要保持 2 米的安全距离，完全可以用来扑救室内布线、照明灯、配电板、电动机等低压电气设备火灾。如果穿上绝缘胶鞋，戴好手套，则更保险。

普通水虽然也是导电体，但也可用来带电灭火。关键是要掌握安全距离（水枪喷口至带电体之间的距离）和充实水柱（水枪出口的一段密集不分散的水流）。对 110 千伏的高压电，使用 16 毫米的水枪，只要保持 6 米安全距离和 12 米充实水柱，就可进行扑救。对 1 千伏以下的电压，只要保持 2.5 米安全距离，8 米充实水柱即可。

此外，为了安全起见，泡沫灭火器或水枪还可采用绕射法，即将泡沫或水枪射流不间断地晃动改变射点，或射向空中，居高临下，使射到带电体上的射流不成连续状。虽然对火势的打击力变弱了，但对安全有保证。带有开关的水枪除可绕射外，还可进行点射，即频繁地开闭开关，使射出的水流不成连续状，电流无法到达水枪上，从而保证灭火人员的安全。对低压电气火灾还可用脸盆（桶）等容器端（提）水灭火。但也要注意间隔一定的距离。只要泼水时用力一次泼出，使泼出的水不连续，就不会发生触电。用泡沫和水带电灭火要注意的是，由于泡沫和普通水能导电，扑救中可能会发生短路和打击火花，并发生"啪，啪"声响。但只要电气设备安装符合要求，不用铁丝、铜丝替代保险丝，发生短路后，保险丝熔断，电源也会自动切断。所以，对于低压电器来说，听到"啪啪"声响或看到火花时，不必恐慌，可继续扑救。

高层楼房发生火灾怎么办

随着社会的发展，城市住宅、商场等公共建筑设施，越来越趋向高层化。当高层建筑一旦发生火灾时，居住高楼层内的居民如何迅速安全地逃离火灾现场呢？保持镇定是对待灾难的第一要点。一旦你所在的楼房出现失火，先要冷静迅速地探明起火地点和方位，要确定当时的风向（透过窗户观察云彩飘动，树枝摇摆，烟囱冒出的烟），在火势未蔓延前，朝逆风方向快速离开。这时切忌惊慌失措，盲目乱窜，否则极有可能接近起火点。如果失火大楼属于密封式中央空调系统，要设法立即堵死室内通风孔，以防浓烟由通风孔倒灌进室内。然后用一块湿毛巾堵住自己的口鼻，防止吸入有毒气体。因为现在许多建材都掺有化学原料，经燃烧产生的浓烟都含有毒素，吸入体内是十分有害的。同时，你还应将身上的衣服打湿，这样可以防止将火引上身体。高层住宅失火往楼下跑可不可以呢？一次大火中一妇女抱着孩子往楼下跑，仅跑到一半时，母子便双双窒息而死。在高层建筑中，火灾烟气的走向正好与人的逃生方向相反。火烟沿走廊上部飘至楼梯、电梯处，楼梯、电梯酷似一只只大"烟囱"，产生极大的抽拔力，热烟流迅速向上升腾、弥散，产生"烟囱效应"。因此发生大火决不能盲目往楼下跑。那么火灾发生时藏在屋里可不可以呢？人们发现在火灾现场中，有不少人躲在床下、屋角、阁楼……结果全部遇难。那么，突遇火灾高层住宅居民究竟怎样逃生呢？

1. 有效预防烟毒。为防止烟毒，一般可用湿口罩、湿毛巾掩护好呼吸部位，防止吸入毒气，同时将衣服打湿以免引火烧身。

2.若楼道被大火封住，应关好自己家的房门，堵好室内通气口，若楼层不高，可以用绳子或床单系在一起，从窗户降至户外。

3.若火势刚起，浓烟不多时，应猫腰压低姿势，尽量接近地面或角落，慢慢移离火源。因为浓烟上升，而通常离地面2厘米处仍有新鲜空气。

4.当居住的楼层里火势凶猛无法冲出时，一方面把阳台上的可燃物品全部搬进屋内，防止大火蔓延进屋;同时紧闭门窗，向屋内地上、床上、桌上泼水，并拿出浸透水的湿床单蒙在门窗上。这样可以有效控制火的侵袭。

5.若住在楼上，发现楼下失火时，千万不要去乘电梯，因着火时容易断电而被卡在电梯内，进退两难。这时应沿着防火安全梯逃至楼底，若中途防火梯已被堵死，应立即跑到楼顶，同时将顶层玻璃打碎，向外高声呼救，以便营救。逃生时不一定跑得快就安全，这要视火势与浓烟程度而定。火势不急，浓烟不多时，可以迅速跑离火源；火势不大但烟多而且很浓时，则不宜快跑。在空气稀少时，快速行动会加快呼吸，增加空气的需要量，这为实际情况所不容许，所以要慢慢移动。跳楼是在万不得已的情况下采取的下下策的逃生措施。因为跳楼毕竟具有危险性，非跳楼不可时，应先察看好底下的地形，最好朝消防部门拉起的安全网上跳；如果底下未拉安全网，在可能情况下，应选择底下平坦且无钢材、石头、混凝土等硬物的地方，并先向下投些棉被衣物、沙发垫等物件，以作缓冲之用。跳下前双手应抓在窗口下沿或阳台地面，脸朝墙，双脚下垂，以降低高度（一人一手约2米）。脱手瞬间，手脚要一起用力外推，以防止触碰墙面。落地时用前脚掌着地，双腿放松，成弯曲姿势。必须注意的是，三层楼以上因高度高，危险性大，最好不要采用此下策，采用绳索逃生要安全得多。

火场自救的十项要诀

火灾一旦发生，身处险境，随时都有丧失生命的危险，设法脱离险境最为重要。青少年应该学会火场自救与逃生，面对火灾要沉着、冷静，不要惊慌失措、盲目行动。

火灾致人伤亡的两个主要方面：一是浓烟毒气窒息，二是火焰的烧伤和强大的热辐射。只要避开或降低这两种危害，就可以保护自身安全，减轻伤害。因此，多掌握一些火场自救的要诀，困境中也许就能获得第二次生命。

1. 火灾自救，时刻留意逃生路

每个人对自己工作、学习或居住的建筑物的结构及逃生路径要做到有所了解，要熟悉建筑物内的消防设施及自救逃生的方法。这样，火灾发生时，就不会走投无路了。当你处于陌生的环境时，务必留心疏散通道、安全出口及楼梯方位等，以便关键时候能尽快逃离现场。

2. 扑灭小火，惠及他人利自身

当发生火灾时，如果火势不大，且尚未对人造成很大威胁时，应充分利用周围的消防器材，如灭火器、消防栓等设施将小火控制、扑灭。千万不要惊慌失措地乱叫乱窜，或置他人于不顾而只顾自己"开溜"，或置小火于不顾而酿成大灾。

3. 突遇火灾，保持镇静速撤离

突然面对浓烟和烈火，一定要保持镇静，迅速判断危险地点和安全地点，决定逃生的办法，尽快撤离险地。千万不要盲目地跟从人流和相互拥挤、乱冲乱窜。只有沉着镇静，才能想出好办法。

4. 尽快脱离险境，珍惜生命莫恋财

在火场中，生命贵于金钱。身处险境，逃生为重，必须争分夺秒，切记不可贪财。

5. 迅速撤离，匍匐前进莫站立

在撤离火灾现场时，当浓烟滚滚、视线不清、呛得你喘不过气来时，不要站立行走，应该迅速地趴在地面上或蹲着，以便寻找逃生之路。

6. 善用通道，莫入电梯走绝路

发生火灾时，除可以利用楼梯等安全出口外，还可以利用建筑物的阳台、窗台、天窗等攀到周围的安全地点，或沿着排水管、避雷线等建筑结构中凸出物滑下楼。

7. 烟火围困，避险固守要得法

当逃生通道被切断且短时间内无人救援时，可采取寻找或创造避难场所、固守待援的办法。首先应关紧迎火的门窗，打开背火的门窗，用湿毛巾、湿布堵塞门缝或用水浸湿棉被蒙上门窗，然后不停用水淋透房间，防止烟火渗入，固守待援。

8. 跳楼有术，保命力求不损身

火灾时有不少人选择跳楼逃生。跳楼也要讲技巧，跳楼时应尽量往救生气垫中部跳或选择有水池、软雨篷、草地等方向跳；如有可能，要尽量抱些棉被、沙发垫等松软物品或打开大雨伞跳下，以减缓冲击力。

9. 火及己身，就地打滚莫惊跑

火场上当自己的衣服着火时，应赶紧设法脱掉衣服或就地打滚，压灭火苗；能及时跳进水中或让人向身上浇水、喷灭火剂就更有效了。

10. 身处险境，自救莫忘救他人

任何人发现火灾，都应尽快拨打"119"电话呼救，及时向消防队报火警。

外出遇到火灾巧脱险

出门在外，也可能会碰到火灾，其他场合遇到火灾也应知道该怎样从火场中逃生。为了自己的安全，进入影剧院、商场，首先要观察太平门的位置，了解紧急救生路线。这样万一发生危险，也可从容脱险。烟火起了，不要惊慌，辨明方向、认准太平门、安全出口、避难间的准确位置，选好逃离现场的路线。沿着疏散通道向外走，千万不要拥挤、盲从，更不要来回跑。不要往舞台跑，因为舞台没有安全出口，而且围墙很高。如果烟雾太大或突然断电，应沿着墙壁摸索前进，不要往座位下、角落里或柜台下乱钻。

出外到了山林中，遇到山林着火，那该如何脱险呢？首先要辨别风向、风力的大小及火势的情况，选择安全路线。如果风大，火势猛烈，并且距人较近，可以选择崖壁、沟洼处暂时躲避，待风小、火小时再脱身。如果火距人较远，则应选择与风向垂直的两侧撤离。例如刮北风，则应朝东西方向脱离险境。不要顺风跑，因为风速火速要比人跑得快，千万不要迎着火跑。

以上介绍了几种条件下的火灾避难办法，实际上，各种火场的情况是非常复杂的，青少年朋友万一遇到火灾，要牢记 16 个字：临危不乱，清醒果断，争分夺秒，巧妙脱险。总之，争取时间，快速离开，方为上策。

身上着火了怎么办

火灾发生时，如果身上着火，千万不要惊慌失措，东奔西跑或胡乱扑打。因为奔跑时形成的小风会使火烧得更旺，同时跑动还会把火种带到别处，引着周围的可燃物；胡乱拍打，往往顾前顾不了后，在痛苦难熬中，一旦支持不住，瘫倒在地，就会造成严重烧伤，甚至丧失生命。所以一旦身上着火，首先应该设法脱掉衣帽；如果来不及脱掉，可以把衣服撕碎扔掉。若依然来不及，可在没有燃烧物的地方倒在地上打滚，把身上的火苗压灭；如有其他人在场，可用麻袋、毯子等把身上着火的人包裹起来，就能使火熄灭；或向着火人身上浇水或帮着将烧着的衣服撕下，但切不可用灭火器直接向着火人身上喷射，以免其中的药剂引起烧伤者的伤口感染。如果火场周围有水缸、水池、河沟，可取水浇灭，或直接跳入水中去。不过，这样虽然可以减轻烧伤程度和面积，但对后来的烧伤治疗不利。同样，头发和脸部被烧时，不要用手胡拉，这样会擦伤表皮，不利治疗，应该用浸湿毛巾或其他浸湿物去拍打。

被烟雾封锁怎么办

当高层建筑发生火灾时，由于建筑中大量使用可燃装修材料，在燃烧时会放出有毒气体，往往使人中毒死亡。因此，火灾时，在防止吸入有毒气体的基础上，才能逃离火场。如果无法逃离火场，也必须采取一定的措施，防止吸入有毒气体、烟雾，等待消防人员救助。越过烟雾，逃离火场。当楼梯间或走廊内只有烟雾，而没有被火封锁时，最基本的方法是，将脸尽量靠近墙壁和地面，因为此处有少量的空气层。用手支撑沿墙壁移动，从而逃离现场。用浸湿的毛巾或手帕捂住嘴和鼻，也能避免吸入烟雾。避难的姿势是将身体卧倒，使手和膝盖贴近地板。当楼梯和走廊中烟雾弥漫、被火封锁而不能逃离时，首先要关闭通向楼道的门窗，用湿布或湿毛毯等堵住烟雾侵袭的缝隙，打开朝室外开的窗户，利用阳台和建筑物的外部结

无故不居危

——远离危险

构避难。应将上半身伸出窗外，避开烟雾，呼吸新鲜空气，等待救助。当听到或看到地面上或楼层内的救护人员行动时，要大声呼救或将鲜艳的东西伸出窗外，这时救护人员就会发现有人被困，采取措施进行抢救，将你救离险区。

灭火器的分类有哪些

灭火器在各种公共场合都能见到，所以青少年都不会感觉陌生。灭火器是一种可由人力移动的轻便灭火器具。其种类繁多，适用范围也有所不同，只有正确选择灭火器的类型，才能有效地扑救不同种类的火灾，减少伤害。

灭火器的种类很多，按移动方式可分为：手提式和推车式；按驱动灭火剂的动力来源可分为：储气瓶式、储压式、化学反应式；按所充装的灭火剂则又可分为：泡沫、干粉、卤代烷、二氧化碳、酸碱、清水等。

针对不同类型的火灾，要选择不同种类的灭火器。固体燃烧的火灾应选用水型、泡沫、磷酸铵盐干粉等灭火器；液体火灾和可熔化的固体物质火灾应选用干粉、泡沫、二氧化碳型灭火器（这里需要注意的是，化学泡沫灭火器不能灭极性溶性溶剂火灾）；气体燃烧的火灾应选用干粉、二氧化碳型灭火器；扑救带电火灾应选用二氧化碳、干粉型灭火器；金属燃烧的火灾，目前国外主要有粉装石墨灭火器和灭金属火灾专用干粉灭火器，在国内尚未定型生产灭火器和灭火剂，可采用干砂或铸铁沫灭火。

正确使用泡沫灭火器

使用泡沫灭火器时可以手提筒体上部的提环，迅速奔赴火场。但是如果灭火器过分倾斜，使用时横拿或颠倒，会使两种药剂混合而提前喷出，所以使用的时候需要特别注意。当距离着火点10米左右，即可将筒体颠倒过来，一只手紧握提环，另一只手扶住筒体的底圈，将射流对准燃烧物。在扑救可燃液体火灾时，如果已经呈流淌状燃烧，应该将泡沫由远而近喷射，使泡沫完全覆盖在燃烧液面上；如果在容器内燃烧，应将泡沫射向容器的内壁，使泡沫沿着内壁流淌，逐步覆盖着火液面。切忌直接对准液面喷射，以免由于射流的冲击，反而将燃烧的液体冲散或冲出容器，扩大燃烧范围。在扑救固体物质火灾时，应将射流对准燃烧最猛烈处。灭火时随着有效喷射距离的缩短，使用者应逐渐向燃烧区靠近，并始终将泡沫喷在燃烧物上，直到扑灭。使用时，灭火器应始终保持倒置状态，否则会中断喷射。

推车式泡沫灭火器使用时，一般由两人操作，先将灭火器迅速推拉到火场，在距离着火点10米左右处停下，由一人施放喷射软管后，双手紧握喷枪并对准燃烧处；另一个则先逆时针方向转动手轮，将螺杆升到最高位置，使瓶盖开足，然后将筒体向后倾倒，使拉杆触地，并将阀门手柄旋转90度，即可喷射泡沫进行灭火。如阀门装在喷枪处，则由负责操作喷枪者打开阀门。由于该种灭火器的喷射距离远，连续喷射时间长，因而可充分发挥其优势，用来扑救较大面积的储槽或油罐车等处的初起火灾。

空气泡沫灭火器使用时在距燃烧物6米左右，拔出保险销，一手握住开启压把，另一手紧握喷枪；用力捏紧开启压把，打开密封或刺穿储气瓶密封片，空气泡沫即可从喷枪口喷出。空气泡沫灭火器使用时，应使灭火器始终保持直立状态，切勿颠倒或横卧使用，否则会中断喷射。同时应一直紧握开启压把，不能松手，否则也会中断喷射。

酸碱灭火器适应火灾及使用方法

酸碱灭火器适用于扑救物质燃烧的初起火灾，如木、织物、纸张等燃烧的火灾。但不能用于扑救物质燃烧的火灾，也不能用于扑救可燃性气体或轻金属火灾。同时也不能用于带电物体火灾的扑救。其使用方法是：使用时应手提筒体上部提环，决不能将灭火器扛在背上，也不能过分倾斜，以防两种药液混合而提前喷射。在距离燃烧物6米左右，即可将灭火器颠倒过来，并摇晃几次，使两种药液加快混合；一只手握住提环，另一只手抓住筒体下的底圈将喷出的射流对准燃烧最猛烈处喷射。同时随着喷射距离的缩减，使用人应向燃烧处推进。

二氧化碳灭火器的使用方法

灭火时只要将灭火器提到或扛到火场，在距燃烧物 5 米左右，放下灭火器拔出保险销，一手握住喇叭筒根部的手柄，另一只手紧握启闭阀的压把。对没有喷射软管的二氧化碳灭火器，应把喇叭筒往上扳 70 ～ 90 度。使用时，不能直接用手抓住喇叭筒外壁或金属连线管，防止手被冻伤。灭火时，当可燃液体呈流淌状燃烧时，使用者将二氧化碳灭火剂的喷流由近而远向火焰喷射。如果可燃液体在容器内燃烧时，使用者应将喇叭筒提起，从容器的一侧上部向燃烧的容器中喷射。但不能将二氧化碳射流直接冲击可燃液面，以防止将可燃液体冲出容器而扩大火势，造成灭火困难。推车式二氧化碳灭火器一般由两人操作，在离燃烧物 10 米左右，一人快速取下喇叭筒并展开喷射软管后，握住喇叭筒根部的手柄；另一人快速按逆时针方向旋动手轮，并开到最大位置。灭火方法与手提式的方法一样。使用二氧化碳灭火器时，在室外使用的，应选择在上风方向喷射；在室内窄小空间使用的，灭火后操作者应迅速离开，以防窒息。

1211 手提式灭火器的使用方法

1211 手提式灭火器使用时一定要非常小心，在距燃烧处 5 米左右，放下灭火器，先拔出保险销，一手握住开启把，另一手握在喷射软管前端的喷嘴处。如灭火器无喷射软管，可一手握住开启压把，另一手扶住灭火器底部的底圈部分。先将喷嘴对准燃烧处，用力握紧开启压把，使灭火器喷射。当被扑救可燃烧液体呈现流淌状燃烧时，使用者应对准火焰根部由近而远并左右扫射，向前快速推进，直至火焰全部扑灭。如果可燃液体在容器中燃烧，应对准火焰左右晃动扫射，当火焰被赶出容器时，喷射流跟着火焰扫射，直至把火焰全部扑灭。但应注意不能将喷流直接喷射在燃烧液面上，防止灭火剂的冲力将可燃液体冲出容器而扩大火势，造成灭火困难。如果扑救可燃性固体物质的初起火灾时，则将喷流对准燃烧最猛烈处喷射，当火焰被扑灭后，应及时采取措施，不让其复燃。1211 灭火器使用时不能颠倒，也不能横卧，否则灭火剂不会喷出。另外在室外使用时，应选择在上风方向喷射；因1211灭火剂有一定的毒性，在窄小的室内灭火时，灭火后操作者应迅速撤离，以防对人体的伤害。

干粉灭火器适用于哪些火灾

碳酸氢钠干粉灭火器适用于易燃、可燃液体、气体及带电设备的初起火灾；磷酸铵盐干粉灭火器除可用于上述几类火灾外，还可扑救固体类物质的初起火灾。但都不能扑救金属燃烧火灾。灭火时，在距燃烧处5米左右，放下灭火器。如在室外，应选择在上风方向喷射。

使用的干粉灭火器若是外挂式储压式的，操作者应一手紧握喷枪，另一手提起储气瓶上的开启提环。如果储气瓶的开启是手轮式的，则向逆时针方向旋开，并旋到最高位置，随即提起灭火器。当干粉喷出后，迅速对准火焰的根部扫射。使用的干粉灭火器若是内置式储气瓶的或者是储压式的，操作者应先将开启把上的保险销拔下，然后握住喷射软管前端喷嘴部，另一只手将开启压把压下，打开灭火器进行灭火。有喷射软管的灭火器或储压式灭火器在使用时，一手应始终压下压把，不能放开，否则会中断喷射。

干粉灭火器扑救可燃、易燃液体火灾时，应对准火焰要部扫射，如果被扑救的液体火灾呈流淌燃烧时，应对准火焰根部由近而远，并左右扫射，直至把火焰全部扑灭。如果可燃液体在容器内燃烧，使用者应对准火焰根部左右晃动扫射，使喷射出的干粉流覆盖整个容器开口表面；当火焰被赶出容器时，使用者仍应继续喷射，直至将火焰全部扑灭。在扑救容器内可燃液体火灾时，应注意不能将喷嘴直接对准液面喷射，防止喷流的冲击力使可燃液体溅出而扩大火势，造成灭火困难。如果当可燃液体在金属容器中燃烧时间过长，容器的壁温已高于扑救可燃液体的自燃点，此时极易造成灭火后再复燃的现象，若与泡沫类灭火器联用，则灭火效果更佳。使用磷酸铵盐干粉灭火器扑救固体可燃物火灾时，应对准燃烧最猛烈处喷射，并上下、左右扫射。如条件许可，使用者可提着灭火器沿着燃烧物的四周边走边喷，使干粉灭火剂均匀地喷在燃烧物的表面，直至将火焰全部扑灭。

常见的消防安全标志

1. 消防手动启动器

指示火灾报警系统或固定灭火系统等的手动启动器。

2. 发声警报器

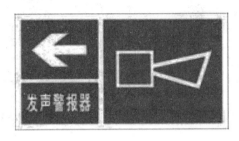

可单独用来指示发声警报器，也可与消防手动启动器标志一起使用，指示该手动启动装置是启动发声警报器的。

3. 火警电话

指示在发生火灾时，可用来报警的电话及电话号码。

4. 紧急出口

指示在发生火灾等紧急情况下，可使用的一切出口。在远离紧急出口的地方，应与疏散通道方向标志联用，以指示到达出口的方向。

5. 滑动开门

指示装有滑动门的紧急出口。箭头指示该门的开启方向。

6. 推开

本标志置于门上，指示门的开启方向。

7. 拉开

本标志置于门上，指示门的开启方向。

8. 击碎板面

指示：a.必须击碎玻璃板才能拿到钥匙或拿到开门工具。b.必须击开板面才能制造一个出口。

无故不居危

——远离危险

9. 灭火设备

指示灭火设备集中存放的位置。

10. 灭火器

指示灭火器存放的位置。

11. 疏散通道方向

与紧急出口标志联用，指示到紧急出口的方向。该标志亦可制成长方形。

12. 灭火设备或报警装置的方向

指示灭火设备或报警装置的位置方向。

13. 当心火灾——易燃物质

警告人们有易燃物质，要当心火灾。

14. 当心爆炸——爆炸性物质

警告人们有爆炸性物质，当心爆炸。

15. 禁止燃放鞭炮

表示燃放鞭炮、焰火能引起火灾或爆炸。

无故不居危

——远离危险

六　避开饮食和生活的安全陷阱

Tips——青少年安全小提示

1. 保持良好的饮食习惯，不要暴饮暴食。注意食品卫生，尽量在正规市场、超市购买食品，留意卫生、工商等权威部门发布的食品卫生安全提示，不食用没有安全保障的食品，防止食物中毒。

2. 注意防暑降温，一旦有中暑症状时，应避开阳光直射，及时服用解暑药物。

3. 不饮用、食用陌生人送的食物。

吃得安全，活得健康

人们常说"病从口入"，这句话告诉我们饮食千万不能马虎。在日常生活中，青少年每天都要食用各种各样的食物。如何科学饮食，了解食品安全常识对青少年的健康成长大有好处。

人体的生存，依靠从食物中汲取多种营养素。养成正确的饮食习惯和饮食行为，对青少年来说是非常重要的。

1. 不偏食、挑食或暴饮暴食。人体所需要的营养素主要包括蛋白质、脂肪、糖、无机盐、维生素、微量元素、水等，没有一种食物能够包含全部营养素，所以人需要从多种多样的食物中汲取营养。偏食、挑食会造成人体营养缺乏，大大降低体质，导致疾病的发生。但在进餐时不控制食量，一次吃进大量的食物或饮料，即暴饮暴食，也会造成消化不良或疾病，从而伤害身体。暴饮暴食的人易患胃肠病、胃及十二指肠溃疡，甚至引起急性出血性胰腺炎，突然使人死亡。

2. 进餐时不打闹逗笑或看电视。进餐时打闹逗笑既不卫生也不雅观，更不安全。吃饭时集中精力，细嚼慢咽，才能更好地促进消化，有利于营养的吸收。打闹逗笑时注意力不在食物上，大多粗嚼快咽，加大了胃肠负担，影响了营养的吸收。同时在吃饭时逗闹易发生咬舌、呛食、卡喉甚至异物进入气管的事故。青少年吃饭时看电视也是一种不利于身体健康的行为，它不仅影响注意力和情绪，也易发生呛食、卡喉等事故。

3. 步行、骑车、乘车时不吃东西。步行、骑车、乘车时吃东西同样是既不卫生，又不安全，易将细菌、病毒吃进肚里，也易发生碰撞、呛食、卡喉或异物进入气管的危险。骑车吃东西，一手扶把，一手离车，这样做是很容易发生危险的。

4. 生吃瓜果要洗干净。黄瓜、萝卜和水果营养丰富，但生吃时，一定要注意卫生。因为瓜果在生长过程中，都施过粪肥和农药，沾染了病菌、病毒和寄生虫卵。如果只用水稍稍洗一下或擦一擦，泥巴虽然擦洗掉了，但病菌、病毒与虫卵不一定能洗掉，农药不一定洗干净。这样吃下去，就可能得痢疾肝炎和伤寒等传染病，也可能得寄生虫病，也可能造成农药中毒。所以生吃瓜果一定要冲洗干净。

5. 不随便吃野菜、野果。夏秋是瓜果成熟的季节。有的青少年喜欢采摘野果尝一尝，这样做危险性很大。因为野菜野果品种极多，哪些能吃、哪些有毒不能吃，没有经验的人是很难分清楚的。万一吃了有毒的野果，后果轻则呕吐、拉肚子、手脚麻木，重则会昏迷不醒，甚至死亡。为了安全起见，千万不要乱吃野菜、野果。

6. 饮水讲卫生，不喝生冷水。水干净不干净，光凭肉眼是看不出来的，即使看起来清澈透明的水，也不一定是清洁可以饮用的水。喝水一定要喝经过消毒或烧开的水。农村中苦水井的水是不能饮用的，因为这种水硝酸盐的含量很高，饮用后容易发生中毒。

7. 不要随意买街头小贩卖的包装粗糙、质量低劣的食品。这些食品虽然价格较低，但卫生质量大多难以保证，容易伤害肠胃和引发食物中毒。

吃"放心肉"，防绦虫病

绦虫病是因为不小心误食含有绦虫幼虫的肉类食品而引起的。绦虫的幼虫叫囊虫，主要寄生在猪、牛等动物的肌肉和结缔组织之中，大小和黄豆相似，有头、颈和囊状的尾部。人吃了带有囊虫的肉或内脏以后，囊虫便吸附在人体的小肠黏膜上，依靠肠内的营养物质，迅速发育，大约 60～70 天，就长成 2～3 米长的绦虫。绦虫身体柔软，像一根扁形带子，由许多节片构成，每个节片都有雌雄两性生殖器，发育成熟后，便充满了虫卵，脱离开虫体，随粪便排出，有时节片脱落后自动从肛门排出。排出的虫卵和成熟绦虫节片被猪吞食后，重新在猪体内长成幼虫，形成重复感染。绦虫病对人的身体健康构成极大危害。人患病后，不仅损失大量的营养物质，而且由于绦虫的头紧紧地吸附在肠黏膜上，经常刺激肠壁，导致肠壁损伤，引起腹痛、腹泻、恶心、呕吐、消化不良、食欲下降等症状。绦虫的新陈代谢产物被吸收后还会引起过敏反应或神经系统症状，如荨麻疹、头痛、头晕、失眠等。少年儿童患了绦虫病，会影响身体的生长发育。绦虫的幼虫如果进入人的脑、眼睛或心脏肌肉里，就会引起抽风或失明等症状。

购买猪肉时，应到大卖场选购大厂家的产品，这些厂家具有检测病猪肉的设备和能力。患有囊虫病的生猪，其肌肉和内脏上长有许多米粒大小、黄白色的豆样物，俗称"豆肉"。在选购肉类产品时，凭肉眼也可以检查出一些带有囊虫的病畜肉。

要防止人畜患上囊虫、绦虫病，需要注意以下几点：

1. 注意个人卫生，饭前便后洗手，以免将排出的虫卵又吃进体内。

2. 注意饮食卫生，准备食品时生熟分开，以免病猪肉污染其他食品，尤其是熟食品或生食食品。

吃冰淇淋应注意什么

冰淇淋是青少年十分喜爱的夏季食品，但是过多吃冰激凌也会有危害的。冷冻食品容易刺激胃内黏膜，使胃液分泌减少，甚至发生胃痉挛，影响人的食欲和对食物的消化吸收。

胃液分泌减少，杀菌能力降低，会为细菌在肠道里生长繁殖大开方便之门。此时若食用带有细菌或病毒的冷饮或其他食品，便会发生腹泻、肠炎、痢疾、伤寒等肠道传染病。

冰淇淋中大多含有色素、香精、防腐剂、糖精等对人体没有任何营养价值的物质，某些色素和香精还容易引起过敏、哮喘、喉头水肿、荨麻疹、皮肤瘙痒及神经性头痛等症状，糖精的浓度过大会引起癌症。目前我国的冰淇淋生产管理还存在较多的问题，大量的不合格产品流入市场，其中最主要的问题是微生物指标严重超标。因此，青少年在购买、食用冰淇淋时，除了注意一次不要吃得过多以外，还应当选择质量信誉较好的厂家的产品，不要使自己的身体健康受到损害。

尽量少用塑料制品装食品

在现代社会中，塑料制品越来越多，已经成为必不可少的生活用品了。看似方便的塑料薄膜或塑料袋，如果使用不当，会给身体造成一定的危害。

塑料袋是由不同的原材料制成的。工业、农业应用的塑料制品，大都由聚氯乙烯等有毒塑料制成，如用来包装食物，就有中毒的危险。只有无毒的聚乙烯、聚丙烯和密胺等塑料制成的食品袋，才可以用来包装食品。青少年在不知道怎么辨别塑料袋是否安全的时候，除了在大商场购买食品时商家所用的塑料食品袋外，还是尽量少用塑料袋装食品为好。塑料制品也会给环境造成污染。由于塑料薄膜或塑料袋在土壤中极难分解，过量生产和使用它们，便使得越来越多的土地成为垃圾场。从爱护我们的身体和爱护我们的环境出发，青少年应该尽量少使用这些塑料制成的产品。

食物中毒有哪些

日常生活中，青少年食物中毒的事件常有发生，遇到食物中毒的时候需要谨慎处理，否则会造成生命危险。

食物，顾名思义，本来对人体应该是无害的。但是，一旦食物在加工、储存、运输、销售过程中受到细菌、病毒、真菌以及有毒化学物质（如农药、砷、金属等）的污染，就成为危害人体的东西了。

食物中毒，是指健康人食用"有毒"的食物而引起的一种急性疾病。食物中毒通常有几个特点：潜伏期短，常常多人同时得病；所有病人有相同症状，其中急性胃肠炎表现者最常见；凡发病者都吃过同种可疑食物；发病者对其他健康人没有传染性；一旦停止食用这种可疑食物，即无人再得同样的病。食物中毒起病快，涉及面广，常引起严重后果，所以特别是对集体用餐的青少年有很大危害，应该认真预防。也有些症状类似于中毒但不是中毒，比如不是通过口，而是通过其他方式（如有机磷经皮肤吸收）引起的体内中毒现象。还有食物本身是正常的，但因为暴饮暴食而引起的肠胃性疾病。食用者本身有病，或具有对某种食物引起过敏的特异体质。

谨防细菌性食物中毒

青少年中发生的食物中毒以细菌性食物中毒最常见。沙门氏菌、葡萄球菌、变形杆菌和嗜盐菌等是最常见的致病细菌。

引起沙门氏菌食物中毒的大多是动物性食品尤其是内脏和卤肉、酱肉等，5～9月份多见。食物中的细菌在烧煮过程中因加热不彻底而未被消灭，或者因为生熟案板不分等而使本来好的熟肉污染。当人吃了这些肉、内脏等，一般12～24小时后得病，初起头痛、恶心、食欲不振，接着出现呕吐、腹泻和腹痛，水样大便，有时带黏液和血，体温一般38～40℃，病程3～7天。

变形杆菌和大肠杆菌等都叫做条件致病菌，它们平时就存在于正常人的肠道中，不致病；只有当卫生状况极差、食品受细菌污染并大量繁殖时才具有致病性。熟肉、凉拌食品、豆制品和剩菜等都可能引起变形杆菌食物中毒。盛放食品的盘碗不干净、生熟案板不分或厨师不讲卫生都是常见原因。夏季室温一般高于20℃，很适合变形杆菌大量繁殖。已有大量细菌存在的熟食品，表面上往往看不到明显的腐败变质现象，要特别引起警惕。

变形杆菌引起的食物中毒主要症状有恶心呕吐，头晕，全身瘫软，但一般体温不高，大多数中毒者腹痛剧烈，以脐为中心，呈刀绞样；腹泻一天多达10余次，水样便，并有恶臭。少数人过敏症状明显，面部及上身皮肤潮红，头晕，并有荨麻疹，病程1～3天。

嗜盐菌怕酸怕热，在食醋内1分钟或加热80℃时1分钟即死亡，它喜寒爱盐，在海水中生存期很长，在30℃～37℃下会大量繁殖。由于这些特点，引起嗜盐菌食物中毒的主要是黄鱼、墨鱼、带鱼、螃蟹、海蜇等海产品。生吃、未熟透、苍蝇叮咬、凉拌后存放时间过长，都会引起这类食物中毒。

嗜盐菌食物中毒潜伏期短则2小时，长则2～3天。中毒起始时上腹和脐周有阵发性绞痛，然后频繁腹泻，大便稀水样，大多先为血水后为脓血并带黏液，不过没有痢疾那样的里急后重症状。

引起葡萄球菌性食物中毒的主要是金黄色葡萄球菌。所污染的食品多为剩饭、糕点、奶和奶制品、冰棍等，其次是熟肉和蛋类，金黄色葡萄球菌非常容易在这些食品中繁殖并大量产生肠毒素。污染源主要是那些患有化脓性皮肤病、口腔疾病或呼吸道炎症的病人，他们携带的金黄色葡萄球菌通过飞沫传播或以接触的方式污染食品；空气不流通的食物盛放地特别适合这类细菌繁殖。

葡萄球菌性食物中毒发病很快，有时潜伏期只有1小时。症状主要有突发性恶心，反复剧烈呕吐；常有肚肠翻江倒海，吐出胆汁或血等表现；腹痛、腹泻症状反而不太严重，但全身软瘫、头晕头痛、肌肉痉挛等由细菌性内毒素——肠毒素引起的全身性中毒症状非常明显。所以，发生这类食物中毒的青少年病情大多比其他细菌性食物中毒凶险，甚至可因出现休克、抢救又不及时而死亡。

针对不同病原菌，可酌情使用各种抗生素和抗菌药物，如黄连素、呋喃唑酮（痢特灵）、氯霉素、氟诺沙星、氨苄青霉素、麦迪霉素等，但用法和剂量应有医生指导，自己不要乱服乱用。为了防止细菌性中毒，青少年应该注意集体和家庭膳食卫生，尤其夏秋季饮食卫生，是预防细菌性食物中毒的最根本手段。具体措施可归纳为以下几条：

做饭菜要有计划，尽量现做现吃，不留剩饭菜。还需注意，剩饭菜放置冰箱不等于放入了"保险箱"，细菌还是能照样繁殖的，尤其是嗜盐菌等；另外，沙门氏菌、变形杆菌等污染的食品，有时一点腐败变质的表面现象都没有，要格外引起警惕。

凉拌肉食要熟透，凉拌生菜要洗净并用开水烫过。剩饭菜放通风处或冰箱内，但不宜过久，食前最好加热。切生熟菜、肉要有两套案板分开使用。蒸煮螃蟹和蚶类等宜待水开后再煮35分钟以上，以杀灭体内细菌，并现做现吃。厨师工作前要洗净手，患有痢疾、肺炎、化脓性（尤其手部）皮肤病时应及时治疗，并暂停工作。夏秋季节，每餐前后吃几瓣生大蒜，对防治上述细菌引起的肠道疾病有较好疗效。

谨防毒蘑菇中毒

毒蘑菇，又叫毒蕈，常因误采误食而中毒，中毒后症状轻重不一，严重者常因抢救不及时而致死。

毒蘑菇所含毒素主要有：毒蕈溶血素，破坏红细胞，引起溶血性贫血；胃肠毒素，引起剧烈的腹痛、腹泻、恶心和呕吐，容易造成脱水和酸中毒；毒蕈碱，除引起副交感神经的异常兴奋症状如皮肤潮红、流涎、瞳孔缩小、血压下降、呼吸困难等外，还因为其神经毒作用而引起各种精神症状，例如幻觉、谵妄、抽搐、昏迷等；毒肽类，能使一些重要的器官如肝、心、肾、脑等发生细胞变性，因为肝脏是解毒器官，常首当其冲，造成严重损害，甚至导致昏迷而死亡。此外，因损害肾脏引起肾功能衰竭而死的也为数不少。

一旦发现有中毒症状，应及时催吐、洗胃，先把残余的致毒物尽量排出体外。接着应尽快送往医院急救，针对中毒时的主要症状表现，作对症抢救治疗。例如，以毒蕈碱症状为主的应肌肉注射阿托品；胃肠毒症状为主者要补液和纠正酸中毒；毒蕈溶血素引起溶血现象应用肾上腺皮质激素，必要时还应输血；毒肽类损害则应争分夺秒，补充葡萄糖液、维生素和保肝药以保护肝功能，应用巯基解毒药减少内脏损害，用镇静剂控制神经精神不良症状等。

青少年要充分认识到毒蘑菇中毒的严重危害，提高对毒蘑菇的识别能力，千万不要出于好奇心乱采乱吃野蘑菇，更不要吃不认识的蘑菇。

发芽马铃薯不能吃

马铃薯俗称土豆，是营养丰富的食品，但食用发芽的马铃薯则会引起中毒。

马铃薯中含有一种名叫龙葵素的生物碱毒素，正常情况下含量很低，不超过 10 ~ 20 毫克，所以不会引起人体中毒。但是，发芽的土豆中的龙葵素含量会增加 2 ~ 3 倍；更危险的是刚刚发芽的幼芽和芽眼部，那里的颜色变成黑绿色，龙葵素含量会高达正常时的 60 ~ 80 倍。一旦人摄入的龙葵素量超过 300 毫克就会中毒。

马铃薯中毒多发生在食后 1 ~ 4 小时，开始咽喉发干，有痒或烧灼感；继而烧灼感移到上腹部；再接着是又吐又泻，常因此引起脱水和呼吸困难。严重中毒者会出现抽搐和昏睡，抢救不及时会因呼吸衰竭而死亡。

一旦发现马铃薯中毒要马上催吐、洗胃，以尽量减少胃里的龙葵素被继续吸收。然后，送医院继续治疗，针对脱水、中毒、呼吸困难等症状作对症治疗。

家里买回来的马铃薯应贮放在低温干燥处，不能晒太阳，以免发芽。如果已发芽，应彻底挖掉幼芽、芽眼及其周围组织后再吃。久贮的马铃薯应把皮刮干净，煮熟煮透后再吃。

谨防扁豆中毒

扁豆，又叫四季豆，是青少年爱吃的蔬菜之一，在烹调时一定要炒熟煮透，否则可能会发生中毒。

生的四季豆中含有一些对肌体有害的成分。例如，其中的红血球凝血素有凝血作用；皂甙则可刺激消化道黏膜，引起恶心和呕吐，同时还有破坏红血球，引起溶血等毒性作用。这些毒素不耐高温，烧熟煮透就能全部被破坏。

生四季豆的中毒作用常在食后半到一小时开始，主要引起胃部不适，恶心或呕吐，还有些患者会有头痛、心慌、遍体麻木等症状。这种毒性作用一般在 24 ～ 36 小时后逐步减退，很少引起更严重的症状，但若大范围中毒，对青少年的身心健康和学习有较大影响。中毒症状严重的要先洗胃，然后对症治疗。

预防四季豆中毒的办法很简单，就是要烧熟煮透后再吃，或者烧炒时先在开水中烫泡，到豆荚的青绿色消失，无豆腥味后再炒熟食用。学校食堂一次用量大，最好分几锅炒煮，直到全部豆荚均炒熟变色后为止。

谨防杏仁中毒

生杏仁即苦杏仁，含有一种叫做苦杏仁甙的物质。它被口腔内的唾液水解时，会释放出剧毒物质——氢氰酸。氢氰酸能与组织细胞含铁呼吸酶结合，使组织细胞无法利用氧气，人就会出现缺氧症状，从而造成中毒。一般儿童生吃杏仁 20 粒、成人吃 50 粒左右，就会发生中毒。发生生杏仁中毒时，应采取措施进行急救。可让患者喝一杯温水或牛奶，再用匙柄或干净的手指刺激喉部，使其将水分和食物一起反吐出来。用绿豆面冲汤口服，有一定解毒作用。中毒较重者，会因呼吸困难及呼吸中枢麻痹而发生生命危险，所以要尽快送医院救治。

为预防苦杏仁、桃仁、李仁等中毒，一定不要生吃这些果仁。如果因为治病（苦杏仁有治咳喘作用）需要，则应先用水浸泡 2 ～ 3 天，其间应至少换水 6 ～ 8 次，煮熟后再吃。许多青少年不会分辨苦、甜杏仁，所以即便对甜杏仁也应按上法浸泡、煮熟后再食用。

谨防黄曲霉素中毒

花生、玉米和大米等贮存过久或受热受潮，会霉变并产生大量黄曲霉素。黄曲霉素比剧毒的毒药氰化钾毒性还要大 10 倍，不仅会引起肝脏的炎症变化、出血、坏死等急性中毒症状，严重者还可引起肝硬化、昏迷而死亡，还会诱发肝癌。所以，青少年朋友不要吃发霉的花生、玉米和大米，特别要注意不要去买那些未经食品卫生检验的"五香花生米""鱼皮花生豆"等当零食吃。这些劣质产品中常混有变质发霉、含黄曲霉素量很高的花生仁。

黄曲霉素耐热性高（可经受 280℃ 的高温），很难用煮、炒、炸的办法破坏。现在，我国粮食部门采用许多有效方法来降低粮食中的黄曲霉素含量，如氨化处理法等。但作为我们个人和家庭来说，预防黄曲霉素中毒的办法是妥善贮存粮食，防止霉变，不吃已发霉的花生、玉米、大米等食品。

谨防亚硝盐中毒

平时吃的蔬菜里含有很多对人体无害的硝酸盐。但是，当这些蔬菜（最典型的是大白菜）腐烂变质、烧熟后存放过久或腌制时间不够时，其中的硝酸盐就会受到硝酸盐还原细菌的作用，转变成亚硝酸盐。亚硝酸盐能使血液中正常的血红蛋白转变成高铁血红蛋白，从而失去携带、运送氧气的功能，由此而产生严重缺氧症状，这就是亚硝酸盐中毒。

亚硝酸盐中毒的主要表现有：口唇、指甲及全身皮肤出现青紫，并有头晕、头痛、乏力、嗜睡等症状；继而出现烦躁、呼吸困难和心率减慢等；最后发展到惊厥、昏迷，常死于呼吸衰竭。亚硝酸盐中毒发病急，发展快，死亡率高，而且容易在学校食堂出现集体性爆发，对青少年威胁较大。

预防亚硝酸盐中毒的关键是不吃腐烂变质蔬菜，熟菜宜尽量现做现吃，太生的腌菜不要吃，尤其不要用腌菜汤煮粥，或者将腌菜水存放在不干净的容器中过夜；蒸馒头用的温锅水也不要喝，因为其中的亚硝酸盐含量也比较高。

亚硝酸盐中毒一般发生在食后 10 ～ 15 分钟。一旦发现中毒症状应立即洗胃以排出胃里的全部内容物，越快越好。亚甲蓝溶液是治疗本中毒症的特效药，可静脉注射或口服。呼吸困难者应吸入氧气，还可静脉注射葡萄糖及维生素 C、三磷酸腺苷等，以促使高铁血红蛋白重新转为血红蛋白。

谨防黑斑甘薯中毒

黑斑甘薯也叫烂甘薯，甘薯变硬、变黑、变苦，是甘薯霉烂的现象，被称为甘薯黑斑病。这种病是由黑斑菌引起的。黑斑菌产生的毒素耐热，蒸、煮、烤都不能将毒素破坏，因此无论生吃或熟食黑斑病甘薯，都能引起中毒。其中毒表现一般是，吃后 24 小时内发病，有恶心、呕吐、腹泻等症状；

严重者 3～4 天后体温升高，如不及时处理，会引起死亡。因此，如发现中毒就应进行急救处理，对病人立即进行催吐、导泻和对症治疗。目前这种食物中毒尚无特效药物治疗。为预防中毒，青少年应该做到，不吃变硬、变黑、变苦的霉烂甘薯。农村晾晒的甘薯干，霉烂变黑的也不能吃，更不要用它喂牲畜。

谨防豆浆中毒

在学校食堂或学生课间加餐时，常有豆浆中毒的现象出现。这是由于大豆中含有一种胰蛋白酶抑制物，这种抑制物能抑制体内胰蛋白酶的正常功能，并且刺激胃肠道。这种物质耐热，需经受较长时间的高热才能破坏。因此，人吃了未煮熟的豆浆就会中毒。

豆浆中毒的潜伏期很短，一般为 30 分钟至 1 小时，主要表现为恶心、呕吐、腹胀、腹泻，可伴有腹痛、头晕、乏力等症，一般不发热。豆浆中毒症状不严重，轻者不需治疗可自愈，重者应及时到医院治疗。

预防豆浆中毒的根本方法就是把豆浆彻底煮开后再饮用。需要注意的是，当把豆浆加热到一定温度时，豆浆开始出现泡沫，此时豆浆还未煮开，应适当减小火力继续加热至泡沫消失、豆浆沸腾，然后再持续加热 5～10 分钟，这样豆浆就彻底煮熟了，饮用就不会发生中毒。若豆浆量较大或较稠，加热时一定要不断地搅拌，使其受热均匀，防止烧煳锅底。市场上销售的豆粉，在出厂前已经过高温加热处理，饮用用豆粉冲的豆浆不会中毒。

揭开电脑"辐射"的 X 档案

随着生活水平的不断提高，电子技术的飞速发展，电子产品、家用电器等产生的电磁辐射，对人们生存环境已造成严重污染，城市高层建筑的增多又引起电子环境的恶化，如何降低电磁辐射已成了人们特别关注的问题。

电脑，作为一种现代高科技的产物和电器设备，给青少年的生活带来更多便利与欢乐的同时，也存在着一些有害于身体健康的不利因素。

电脑对人类健康的危害，主要包括电脑在工作时产生和发出的电磁辐射（各种电磁射线和电磁波等）、声（噪音）、光（紫外线、红外线辐射以及可见光等）等多种辐射"污染"。

从辐射根源来看，它们包括CRT显示器辐射源、机箱辐射源以及音箱、打印机、复印机等周边设备辐射源。其中CRT（阴极射线管）显示器的成像原理，决定了它在使用过程中难以完全消除有害辐射。显示器在工作时，其内部的高频电子枪、偏转线圈、高压包以及周边电路，会产生诸如电离辐射（低能X射线）、非电离辐射（低频、高频辐射）、静电电场、光辐射（包括紫外线、红外线辐射和可见光等）等多种射线及电磁波。而液晶显示器则是利用液晶的物理特性，其工作原理与CRT显示器完全不同，天生就是无辐射（可忽略不计）、环保的"健康"型显示器；机箱内部的各种部件，包括高频率、功耗大的CPU，带有内部集成大量晶体管的主芯片的各个板卡，带有高速直流伺服电机的光驱、软驱和硬盘，若干个散热风扇以及电源内部的变压器等等，工作时则会发出低频电磁波等辐射和噪音干扰。另外，外置音箱、复印机等周边设备辐射源也是一个不容忽视的"源头"。

国内外医学专家的研究表明，长期、过量的电磁辐射会对人体生殖系统、神经系统和免疫系统造成直接伤害，是心血管疾病、糖尿病、癌突变的主要诱因和造成孕妇流产、不育、畸胎等病变的诱发因素，并可直接影响未成年人的身体组织与骨骼的发育，引起视力、记忆力下降和肝脏造血功能下降，严重者可导致视网膜脱落。此外，电磁辐射也对信息安全造成隐患，利用专门的信号接收设备即可将其接收破译，导致信息泄密而造成不必要的损失。过量的电磁辐射还会干扰周围其他电子设备，影响其正常运作而发生电磁兼容性（EMC）问题。

因此，电磁辐射已被世界卫生组织列为继水源、大气、噪声之后的第四大环境污染源，成为危害人类健康的隐形"杀手"。

电磁辐射对人体的伤害

自然界中的一切物体，只要温度在绝对温度零度以上，都以电磁波的形式时刻不停地向外传送热量，这种传送能量的方式称为辐射。物体通过辐射所放出的能量，称为辐射能，简称辐射。

电磁辐射危害人体的机理主要是热效应、非热效应和累积效应等。

1.热效应：人体 70% 以上是水，水分子受到电磁波辐射后相互摩擦，引起机体升温，从而影响到体内器官的正常工作。

2.非热效应：人体的器官和组织都存在微弱的电磁场，它们是稳定和有序的，一旦受到外界电磁场的干扰，处于平衡状态的微弱电磁场即将遭到破坏，人体也会遭受损伤。

3.累积效应：热效应和非热效应作用于人体后，对人体的伤害尚未来得及自我修复之前，再次受到电磁波辐射的话，其伤害程度就会发生累积，久之会成为永久性病态，危及生命。对于长期接触电磁波辐射的群体，即使功率很小，频率很低，也可能会诱发意想不到的病变，应引起警惕。

电磁辐射伤害人体主要部位是：头部、胸部、生殖系统。因为电磁辐射是累积效应，而我们人体这三个部位都是最为关键的。 多种频率电磁波特别是高频波和较强的电磁场作用人体的直接后果是在不知不觉中导致人的精力和体力减退，容易产生白内障、白血病、脑肿瘤、心血管疾病、大脑机能障碍等，甚至导致人类免疫机能的低下，从而引起癌症等病变。

怎样减少电脑辐射

电脑辐射是不可避免的，但可以减少。所以青少年应该要做到正确的预防：

1.应尽可能购买新款的电脑，一般不要使用旧电脑，旧电脑的辐射一般较厉害，在同距离、同类机型的条件下，一般是新电脑的 1 ~ 2 倍。

2.注意室内通风。科学研究证实，电脑的荧屏能产生一种叫溴化二苯并呋喃的致癌物质。所以，放置电脑的房间最好能安装换气扇，倘若没有，上网时尤其要注意通风。

3.电脑摆放位置很重要。尽量别让屏幕的背面朝着有人的地方，因为电脑辐射最强的是背面，其次为左右两侧，屏幕的正面反而辐射最弱。

4.室内不要放置闲杂金属物品，以免形成电磁波的再次发射。

5.操作电脑时最好在显示屏上安一块电脑专用滤色板以减轻辐射的

危害。

6. 使用电脑时，要注意与屏幕保持适当距离。离屏幕越近，人体所受的电磁辐射越大，因此较好的是距屏幕半米以外。

7. 使用电脑后，脸上会吸附不少电磁辐射的颗粒，因此，要及时用清水洗脸，这样将使所受辐射减轻 70% 以上。

8. 可在电脑桌前放置一盆仙人掌，这样有助于减少辐射。

9. 要注意饮食。对于生活紧张而忙碌的人群来说，抵御电脑辐射最简单的办法就是在每天上午喝 2 ～ 3 杯的绿茶，吃一个橘子。茶叶中含有丰富的维生素 A 原，它被人体吸收后，能迅速转化为维生素 A。维生素 A 不但能合成视紫红质，还能使眼睛在暗光下看东西更清楚，因此，绿茶不但能消除电脑辐射的危害，还能保护和提高视力。如果不习惯喝绿茶，菊花茶同样也能起着抵抗电脑辐射和调节身体功能的作用。

10. 注意保持皮肤清洁。电脑荧光屏表面存在着大量静电，其集聚的灰尘可转射到脸部和手部皮肤裸露处，时间久了，易发生斑疹、色素沉着，严重者甚至会引起皮肤病变等。

误服了强酸强碱怎么办

青少年生病的时候都要服药，用药时也要注意安全，不要乱吃、误吃，否则不但不能恢复健康反而会增加痛苦甚至失去生命！青少年应具备医药学常识，熟悉一些常见病症状和一些常用药疗法。如果遇到误吃药物而引起中毒也要学会该怎样处理。

强酸（包括硫酸、硝酸、盐酸等）和强碱（如氢氧化钠、氢氧化钾、碳酸钠等）对人的皮肤和组织均有强烈的刺激、腐蚀作用。一旦误服或皮肤接触到强酸、强碱类药物，会迅速引起口腔、咽喉、食道、胃部的黏膜或皮肤的肿胀、出血、糜烂、穿孔等严重病变，疼痛非常剧烈。且常伴有这些器官的功能障碍或全身症状，如喉头水肿可产生窒息，严重者可导致休克，甚至死亡。

误服强酸强碱类药物引起中毒，一般禁忌催吐和洗胃，以防止造成严重组织损伤，引起胃肠穿孔，可给中和剂及黏膜保护剂。如强酸中毒，立即服用极稀的肥皂水、鸡蛋清、牛奶、氢氧化铝凝胶等，然后给服植物油等以保护消化道粘膜。可应用抗生素预防创面感染。强碱中毒，应立即口服弱酸溶液，如食醋，1%～3%醋酸、1%稀盐酸或橘汁、柠檬汁等。

碳酸钠中毒，则忌用酸类中和，应服清水稀释，以免导致胃肠内充气或发生穿孔。而后再继续给植物油、蛋清水（约150～200毫升）。经过上述急救后，应尽快送患者到医院作彻底治疗。家中的强酸、强碱类药品应注意妥善保存，并在外包装上注明注意事项。一些日常家庭用品，如去污剂、擦亮剂、烫发剂等，也常含有这类物质，因此在使用上要多加注意，不要涂抹在皮肤上，更不要掺进食物中去。

药物中毒的急救

一些青少年独自在家时，偶然遇上身体不适，会自己寻些药片或药水吞下，如果用得不当或误用，就有可能造成药物中毒。如果感觉身体严重不适则不可盲目服药，而是应该给父母打电话，或是自己到医院就诊，也可以向邻居求助，病情非常严重时也可直拨120寻求帮助。

如果身边的朋友服用药物中毒了，首先要找到中毒原因，并查看症状。找出翻动过的药瓶或药袋，检查剩在杯中的药液，同时保留中毒者的呕吐物或排泄物，以供医院化验检测。如果病人意识清醒，要让他喝下大量的微温水，然后进行催吐。催吐的方法主要有两种，第一种是手指或茶匙柄刺激喉部，另一种是用白矾2～3克加开水冲调后让中毒者温服，再刺激喉部，迫使中毒者将胃内物反吐出来。如果患者已昏迷而没有意识，就不可采用此法，因为这样有可能造成窒息。催吐之后要尽快将患者送至医院救治，以确保其完全脱离危险和尽快康复。

药物中毒根据症状分为轻度中毒、中度中毒和重度中毒。一般轻度中毒无需治疗，慢慢可以恢复；中毒症状比较严重，服用药量比较大的，应及时送往医院救治。采取各种方法将药物清除体外，洗胃是常用办法。对意识清醒、配合治疗者，可采取洗胃、催吐；口服活性炭，将尚未吸收的药物吸附，然后用盐类泻药排泄出去；碱化尿液促进药物尽快由肾脏排出。

对意识不清者还要密切观察病情变化，随时给予对症治疗。为保持呼吸道的通畅，预防吸入性肺炎，要经常翻身，及时清除呼吸道分泌物，呼吸抑制者要给予吸氧。根据病情需要和医生嘱咐进行其他对症治疗。一般中度中毒2～3天可以恢复。

农药中毒的预防和急救

在农村中，一般家庭常常备有一些农药，因为存放不妥或未加标志，有时会造成青少年误食而中毒。农药的种类很多，毒性的强弱也各不相同。其中有一些品种，如敌敌畏、马拉硫磷、敌百虫等毒性很大，人若是大量接触或是误服以后，就会造成农药中毒。

预防农药中毒，首先是防止大量接触农药。青少年未经保护措施禁止参加喷洒农药的劳动，也不能到刚喷洒完农药的田地作其他劳动或玩耍。不要触摸摆弄喷药工具，不在刚喷完农药的田地附近的水塘洗涮游泳。其次还要防止误服农药或是受到农药污染的食物和水。家庭存放农药要用专门的器具和专门的柜子，包装外面要贴上标志和说明。忌用装过农药的瓶子或袋子盛放食物或粮食。严禁食用刚喷过农药的蔬菜或经农药处理过的种子。被农药毒死的鱼或家禽，不能食用。

发生农药中毒以后，要赶紧采取措施救治。因皮肤接触引起的中毒，要用肥皂和清水彻底冲洗身体，尤其是手、足、脚和面部等暴露部位要多洗几遍，之后换上干净衣服好好休息。如果中毒程度较为严重，就应送到医院救治。

一旦发现误饮了水溶性的农药或其他有毒药物，除了使用催吐方法之外，如果中毒不超过6个小时，还可以在家中对患者进行洗胃。洗胃用清水或生理盐水（0.9%氯化钠或精制食盐），每次300～400毫升，直到洗出的水澄清而没有特殊气味时为止。洗胃时若患者出现惊厥、疼痛、回流液中带血，则应停止洗胃。洗胃后亦应将中毒者及洗出的胃内溶物一同送到医院，由医院根据其病情采取进一步的抢救和治疗措施。

细菌性痢疾的预防和救治

青少年是多种传染病的好发人群，学校是传染病的多发场所。青少年免疫功能尚不完善，所以抵御各种传染病的能力较弱。学会怎样预防和救治传染病对青少年的身心健康很有帮助。

细菌性痢疾是痢疾杆菌引起的一种肠道传染病，多发生在夏秋季节，在青少年中比较多见。细菌性痢疾发病急，有发烧、腹痛、腹泻、排脓血便和黏液便等症状，并有排不净的"里急后重"的感觉。

细菌性痢疾的一种危重类型叫中毒型痢疾。中毒型痢疾发病急，肠道症状轻微，以高热、抽风为主。痢疾病人和痢疾带菌者是痢疾病的传染源。病原菌是痢疾杆菌，它存在于病人或带菌者的粪便中。通过生活接触，食物、水、苍蝇和污染的手经口感染。生活接触主要是接触病人或带菌者的生活用具。据调查，病人触摸过的门把手、床单、被单、玩具都可检出痢疾杆菌。苍蝇往来于粪便和饮食之间，带菌率可达 8％～30％，被污染的手带痢疾杆菌率为 15％，说明脏手也起了传播作用。

痢疾杆菌在体外生存能力较强，温度越低，生存时间越长。在直射阳光下 30 分钟就死亡，在 37℃的水中可存活 20 天，在潮湿土壤中可存活 30 多天，在水果、蔬菜食品上可存活 11～24 天。在温度适宜时，还可繁殖。痢疾杆菌对消毒剂很敏感，0.1％酚液浸泡 30 分钟能将其杀灭，如果酚液浓度改为 5％则可迅速杀灭，对常见消毒液、过氧乙酸、新洁尔灭也极敏感。

预防痢疾病主要是加强环境卫生、个人卫生和饮食卫生。认真宣传和贯彻"三管一灭"，即管水、管粪、管饮食和灭苍蝇的方针。人人做到"四要、三不要"："四要"是饭前便后要洗手；生吃瓜果要洗净；有病要早报告、早隔离、早治疗；要消灭苍蝇。"三不要"是不吃腐烂不洁净的食物；不喝生水；不随地大小便。得了痢疾，既不要害怕，也不要轻视，要积极治疗。目前，治疗痢疾的药物很多，以复方新诺明、庆大霉素效果较好，其次为痢特灵、红霉素等。

细菌性痢疾治疗，无论吃什么药，都要坚持 5～7 天，要服完一个疗程，否则容易使病菌产生耐药性，也易变成慢性痢疾病人或带菌者，以后再治就困难了。中草药预防痢疾，也有一定效果，可考虑选用：马齿苋 30 ～ 60 克，水煎代茶饮；白头翁 15 克，水煎代茶饮；三棵针 15 ～ 30 克，水煎代茶饮；大蒜每日 1 头。

肝炎的症状和预防

肝炎是由肝炎病毒引起的急性全身性疾病，主要病变在肝脏。根据肝炎病毒的类型可将肝炎分为甲型、乙型和非甲非乙型三种。甲型肝炎旧称传染性肝炎，乙型肝炎称血清性肝炎，非甲非乙型肝炎的病毒性质和流行情况目前还不够了解。

肝炎的主要症状是食欲减退、恶心、厌油腻食物，乏力，上腹部不适或发胀，大便变稀而色浅，肝脏肿大、压痛等。部分病人出现眼结膜黄染的黄疸症状，轻则几日消退，重则持续 10 周以上，但是多数在 2 ～ 6 周消退。在黄疸出现的前后几天，病人症状最明显，以后随着症状减轻黄疸消退，食欲也增加。肝炎病对人的健康和学习影响较大，绝大多数病人在 6 周至 3 个月内恢复正常，少数需半年。若半年未恢复，称迁延性肝炎；若超过一年未恢复，肝功能已不正常，应考虑慢性肝炎的可能。

传染源和传播途径。肝炎的传染源是肝类病人和带毒者。甲型肝类病人在潜伏期末至黄疸出现的 2 ～ 3 周均有传染性，以发病前 4 天和病初 5、6 天传染性最强。甲型肝炎主要通过消化道传播，如日常生活接触了被病人或带毒者粪便污染的食具、用具等，而在进食前又未洗手，就可能把病毒吃进肚里而受感染。乙型肝炎患者在潜伏期、恢复期或隐性感染之后均带有病毒，会通过注射或日常生活密切接触，如共用饮食用具等而传染给他人。

预防肝炎要做到以下几点：

加强个人卫生，做到进食、便后和接触病人后用肥皂或流动水洗手，不互用食具、洗脸用具、刷牙用具和水杯。做好病人的隔离，急性期病人隔离时间自发病之日起不少于 30 天；迁延性、慢性病人或澳抗阳性者，应进行适当隔离，做到餐具、生活用具分开，不进游泳池等。肝炎病毒抵抗力很强，但是煮沸 20 分钟或高温高压 15 分钟即可灭活。因此，家中有肝炎病人或被肝炎病人接触过的餐具、生活用具等，可用此法消毒，预防传染。此外，中草药预防常用的有：茵陈、板蓝根各 15 克，或血陈、栀子各 15 克水煎服，每日一剂，连服 5 日，停 1 周，再服 5 日。

流行性感冒的预防

流行性感冒简称流感，是由流感病毒引起的具有高度传染性的急性传染病，传播快，易造成流行。流感起病急，病程短，并伴有发烧、全身酸痛、衰竭样的表现；呼吸道症状中，鼻塞、流涕、喷嚏等症状则较轻，有时可继发肺炎。

流感病人是流感的传染源。病毒存在于病人的鼻涕、唾液、痰液等分泌物中，急性期病人在病初的 2～3 日传染性最强。在整个患病期都有传染性。

流感的传播途径主要是空气传播。病人的口、鼻分泌物以飞沫形式散播在空气中，健康人吸入带有病毒的空气可受到传染。此外，用病人污染的食具也可受到传染，在肌体缺乏锻炼、营养不良或过度疲劳、抵抗力下降时就会发病。

预防流感需要做到以下几点：

1. 要注意环境卫生，冬季室内温度较高，应注意温度适宜，否则嗓子易干燥而降低对病原菌的抵抗力。要定时开窗，注意通风换气，保持室内空气新鲜。

2. 要讲究个人卫生，冬季养成入室脱衣、外出添衣的习惯；必须接触流感病人时要戴口罩，接触后要洗手。

3. 在流行期间，体质较差的人可服药预防。家中有呼吸道疾病患者时，餐具、生活用具、室内空气可用食醋熏蒸进行消毒。

七　提高自我防范意识

Tips——青少年安全小提示

1. 独自在家时，要关好门窗、锁好房门，防止盗贼潜入。当有人敲门时，一定要问清来意，不轻易给陌生人开门。当坏人欲强行闯入，可到窗口、阳台等处高声喊叫邻居或打报警电话。如果你是处在和坏人周旋的危险中拨打110，应注意隐蔽和轻声。

2. 遇到抢劫等侵害时，要依靠智慧，应以保护自身生命和安全为首要原则，不要过多地顾及财物。不到万不得已，不要硬拼，避免造成更大的损失。关键时应大声呼救，及时报警。

被坏人拐骗、绑架、抢劫并不都是电影或电视剧中的场景，这种场景也有可能发生在你的身上。只有做好了防范，才能增强安全意识、增加安全保证，让坏人无可乘之机。

防范坏人有哪些招数

青少年无论在什么地方，凡是自己不认识的人，不管他把事情说得多么紧急，都不要轻易相信。否则，就容易上当。

防范坏人的基本方法是：养成进出家门时随手关门的习惯，不要将家门敞开，那样容易引狼入室。外出游玩，特别是去的地点较远、时间较长时，要征得家长同意并将行程去处告诉父母或其他家人。说明大概的返家时间，以便与家人取得联系，万一出了事，家人也有处可寻。单独与陌生人同乘无人看管的电梯是很危险的事情。因此，乘坐电梯时，千万要多留个心眼。

上学、下学、外出游玩、购物时，最好不要单独行动，要与同学、朋友等结伴同行。路上有陌生人让你顺路坐车，不要答应。陌生人无故施予的钱财、玩具、礼物、食物等都不能接受。驾车的陌生人问路，要与其保持一定距离，不可贴近车身。不独自通过狭窄街巷、昏暗地下道；不独自去偏远的公园、无人管理的公厕；一人独处空屋时要关好门窗。不要将家中的钥匙挂在胸前。不要在外人或朋友面前炫耀父母的地位或财富。如果遇到陌生人说你家中有紧急事情时，应立即报告老师，并马上与父母取得联系，以确认是否属实。

为了避免在路上被抢劫，青少年应该注意：尽可能与同学、朋友结伴同行；穿着打扮要朴素，不戴名牌手表，不穿名牌衣服等；晚上、清晨外出时要走灯光明亮、宽敞的街道，不要走偏僻的小径或荒地；不要独自到银行存取款，必要时，可把积蓄的钱交给爸爸妈妈，请他们替你保存；不要把家里的钥匙放到书包里，应放在衣袋里，这样，即使书包被抢，也能进入家中。证件、地址、通讯录等也不应放在书包里，以免落入坏人手中，引来麻烦；外出旅游时，不能随意和同车旅客或同房间的人同吃同喝，即使对方特别热情，也要婉言谢绝，以免坏人利用这种手段下麻醉药伤害你；携带钱财时要隐藏好，切勿招摇过市。女生集体宿舍防止坏人，门、窗要加固，每天就寝前应该检查门锁及窗子是否关好。门、窗上要安装窗帘，防止坏人从外面偷看室内情况。尤其是炎热的夏季，不能因为热而忽视安全。有条件的女生集体宿舍要设有门卫或实行公寓式管理，防止可疑人出入。

遭到敲诈勒索怎么办

敲诈勒索他人财物的事件在青少年中时有发生，犯罪者在进行敲诈勒索时经常使用一些威胁或要挟性的语言，迫使对方交出财物。

敲诈勒索一般有两种方式：一种是采用电话或信件的方式；一种是当面方式。一般敲诈勒索的犯罪分子并不可怕，他们不敢危害被敲诈人的生命安全，而主要目的是获取钱财。因此，只要我们强一分，罪犯就弱一分。只要敢于斗争，并取得公安人员的协助，犯罪分子是可以被战胜的。

遭到敲诈勒索时青少年可以采取以下措施进行自我保护：

对于以信件或电话方式进行敲诈的犯罪活动，首先应克服恐惧心理，不要被犯罪者的威胁所吓倒，之后立即向公安机关报案。报案时应毫无保留地回答公安人员所提出的询问，帮助公安人员分析敲诈者各方面情况，协助公安人员破获案件。切不可以因为怕惹麻烦，顺从地满足犯罪分子的要求，因为犯罪分子是很难满足的，第一次得手，就可能有第二次。

如果犯罪者以掌握被害人的某些隐私或某些错误为要挟来敲诈被害人，那么被害人千万不要顺从和屈服。最明智的办法也是向公安机关报案。

当面敲诈的罪犯一般是先采取诬陷的方式，使被害人陷入某种不利的境地，继而进行敲诈勒索。比如有些犯罪分子就是利用名酒瓶装上劣质酒，故意使被敲诈人将其撞碎，然后进行敲诈勒索。遇到这种情况，被害人应稳定情绪，分析刚刚发生的事情是否合情合理，对方是否在讹人，如确认对方是在对自己进行敲诈，应向围观人群讲述道理，争取公众同情，或要求对方到派出所去处理，也可以向路上巡逻的巡警报案。

犯罪分子进行敲诈勒索的方式很多，要从根本上避免被敲诈还必须增强自我保护意识，减少自身不足，克服贪欲等不良心理，从而杜绝此类事件发生。

怎样防止绑架勒索

近年来在城市和农村以绑架青少年为人质，进行敲诈勒索的犯罪案件时有发生。预防这样的事件，青少年应该要注意的是：

与陌生人接触要提高警惕，不接受馈赠，不随其外出。平时上下学要按时准点，不在外面玩得太晚，不要到偏僻杂乱的地方（如工地、废弃建筑物等）玩耍，更不要独自一人待在僻静的地方。纵使待在家中，也要提高警惕，不要让陌生人进入家中。

外出旅游时不要相信陌生人的花言巧语，而随其到某地旅游，以防止被拐卖。有些青少年因学习或家庭原因离家出走，这是很危险的行为，很容易成为人贩子的猎物。青少年一定要珍爱自己，不随便离家出走。独自一人旅行时，要提高安全防范意识，学会识破骗子的花言巧语和诡计。

一旦发生被犯罪分子劫持拐卖的事件，要用智慧设法自救。在城市和人多的地方，可挣脱坏人的挟持逃跑，并一路呼救，这样做使犯罪分子不敢猛追和声张。如果被拐卖到了农村，首先是设法寻求当地村组织或善良人士的搭救帮助，其次设法给家里或当地公安机关报信，或是趁看管不严时寻机逃脱。青少年学生基本具备了识别真伪和自救能力，只要胆大心细，一般都可以抓住机会，逃脱成功。从被拐中逃脱后，要迅速向公案机关报案，以利于有关部门狠狠打击拐卖青少年儿童的犯罪行为。

怎样预防家庭被盗

外出时，一定要把家里的门都锁好，别给小偷留下作案的机会。一个人在家的时候，一定要把门反锁好。有人敲门，不要轻易去开，以防止坏人闯进来抢钱、抢东西或干其他坏事。

如果一个人在屋里，听见外面有人撬锁，那就要赶快想法跟楼外联系，请楼里人或过路人帮助。在楼里或院子里，看见形迹可疑的人，一定要对他提高警惕，防止这些人顺手牵羊偷东西。不速之客到访时，要先查明其身份才开门。查证时，对方表现得不耐烦，可能有不轨企图。如访客说出电话号码供查证身份，不可轻信。要亲自查阅电话簿，再打电话，以防他跟同谋弄虚作假。打电话之前，叫访客在门外稍等，关上门，并扣上门链。如果怀疑访客身份，就不要开门；他赖着不走，应该打电话报警。要记住查证对方身份越久，就越容易吓走心怀不轨的人。

如住在大厦里，有陌生人通过对话机要求开门，无论其借口多么像样，也不要轻率打开楼下大门。走到楼下大门时，如碰巧有陌生人站在门口，就暂勿开门，以免他闯进来。深夜醒来，听见房子里有窃贼，应对方法要视房子大小及盗贼是否进了卧室而定。假如窃贼还没进屋，马上打开接近自己的所有电灯，并且唤醒家人。窃贼见有动静多半宁愿空手而逃，也不想跟户主正面相遇。若是窃贼已进卧室，不要惹他，随机应变，甚至诈作未醒。

不要冒险去捉拿窃贼，卧室里有电话就拨电话报警。随手拿梳子、花瓶、织针等作自卫武器，迫不得已再动武。窃贼离开了房子，要立刻跑到窗前看看，争取记下贼人的特征、逃走方向、有没有汽车接应等，如窃贼有汽车等交通工具，则要记下车牌号，然后报警。

窃贼入室盗窃钱物，往往采取破门、破窗、撬锁等手段进入，而且进去后都事先找好逃跑的路线。当你发现家中有窃贼时，切不可惊慌失措或贸然行事，应赶快报警，尽量避免直接和坏人斗争。

假如发现窃贼正在室内，而窃贼尚未发觉有人回来时，可以迅速到外面喊人，并同时报告公安机关，以便将窃贼人赃俱获。假如室内的窃贼已发现有人来时，要高声呼叫周围的居民群众，请大家协助抓案犯，并送到公安机关。如果案犯发现来人是中小学生，而求饶或花言巧语辩解时，千万不要对犯罪分子怜悯同情而失去警惕。同时应讲究斗争策略，表面上可以装出没看见、无所谓或恐惧的表情，稳住犯罪分子，防止他对你施行伤害。然后寻找机会逃离报警。

在紧急处理家庭被盗案件中青少年应注意观察被盗室内是否有自己的亲人，如有亲人，是否受伤，是否被犯罪分子当做人质。在亲人受伤的情况下应首先抢救伤员，如被当做人质则应在报案时向公安机关讲明。另外还要注意观察犯罪分子是否还在现场，如还在现场，应喊出街坊邻居，众人看护住房门以等候公安人员到来。如犯罪分子已离开犯罪现场，家中又无受伤亲人，在这种情况下，不必急于进入室内查看丢失物品，应及时报案。

怎样巧妙报警

报警是发生侵害时被侵害人的首要反应，报警最快捷的方式是打报警电话110。报警电话110是公安机关为应付处置可能发生的紧急案情，为给群众提供安全保护服务，能迅速准确接受群众报案，掌握警情而设置的。当青少年自己受到罪犯侵害或发现别人受到不法侵犯时，应巧妙地报警。

发现犯罪分子对他人实施侵害时，应悄悄到有电话处，打110电话报警。打110报警电话，应如实讲明案情与案发时间、地点。切忌谎报案情和随意拨打报警电话，否则要负法律责任。

当青少年被犯罪分子纠缠，不能脱身或已被绑架、拐骗时，应不时给路遇的群众打手势，或直接告诉路人自己被侵害，请他人打110电话报警。自己在屋内被绑架或劫持不能脱身时，可先顺从歹徒，等到有机会的时候再想办法脱身。如果屋外有说话声、车铃声，隔壁房间有人走动或有外人敲自己家门等，就可以借助室内物体巧妙报警，如推倒柜橱、打碎花瓶、将物体砸向玻璃窗等，巨大的声音必然会引起行人和邻居的注意，从而达到报警的目的。

当青少年遭到不法侵害后，应立即向公安机关报案。报案时应注意如下情况：向公安机关详细讲明案发的时间、地点，以及遭受不法侵害的程度。尽可能描绘出歹徒的相貌、体态、口音、习惯动作、衣着等以及歹徒是否留下作案工具。讲明发案时有无知情人、见证人，以便为公安机关侦破案件提供依据。若是入室盗窃案件，切记要保护现场，不要乱翻动室内物品，以免毁坏了犯罪分子留下的有价值的罪证。报案时，一定要严肃认真，实话实说，不可隐瞒情况，更不可虚报情况。

乘车时发现了被盗怎么办

因为怕给自己找麻烦，大多数青少年朋友乘车时发现被盗会选择视而不见的方法，有的家长也会告诫青少年碰到了这类事情不要去管。然而，作为一个有正义感的青少年，应该明白不能那样去做。学些对付小偷的技巧，既可以帮助别人，也可以保护自己。

青少年在车上发现小偷时，不要和他正面冲突，最好的办法是机智地通知司机与售票员。当发现小偷要扒窃他人时，可以高喊一声，引起被扒者注意，不使小偷得逞。

当发现自己或别人被扒窃时，不要慌乱，保持镇静，并立即通知售票员或驾驶员，不要打开车门，根据实际情况建议将车开到公安机关或驻地停车检查，同时注意是否有人互相传递物品等。

谨防身边的小偷

青少年出门在外，要随时加强警惕，防止被小偷扒窃。钱包应放在安全稳妥的地方。青少年学生都喜欢背双肩包，小偷从背后偷东西不易被察觉。所以，出门前要检查一下包的拉锁是否拉好，搭盖是否扣好，不给小偷钻空子的机会。骑自行车的时候，不要把包放在车筐内，也不能将包的背带在车把上绕两圈后再放到车筐里，停车时注意照看车筐内的包。因为有的小偷会用绳子将车轮缠绕住，当骑车人下车解绳子时，小偷就会骑着车将车筐内的包偷走。其次，在商场里或人多拥挤的地方时，最好将包放在胸前，购物或付款时不要随便将包置放在一旁，更不要忘记拿走。

青少年外出不要携带太多的现款。如需购买比较贵重的商品，应由父母陪同上街。

小偷总是在观察目标和防止被人发现，所以其目光或是发直、或是闪烁不定，行为要么鬼鬼祟祟，要么虚张声势。有些群伙作案的小偷，往往采取夹、挤的办法，从前后或左右几个方面挤住目标，再乘机偷走钱物。所以，当在公众场合发现具有上述行为表现的个人或群体，就应提高警惕，防止被窃。在商场、公共汽车或其他公众场合中发现有人行窃时，应大声制止并寻求保安人员、售票员及周围群众的帮助。因怕连累自己而回避原则斗争、对犯罪行为不敢揭露的做法是不可取的，那样只会让犯罪分子更加嚣张从而发生更多的扒窃事件。

怎样防止自行车被盗

自行车丢失的案件在我国经常发生，每个青少年都应该懂得一些防盗知识。自行车要使用牢固的车锁，刚买的新车要及时到车管部门登记、领取执照、车牌。尽量将自行车停放在存车处，如果住处附近没有停车处，最好将车推入室内过夜。

停车时要上锁，即使是停放在离自己很近的地方也要锁上。有些青少年在路边买东西时，将未上锁的车停在离自己两三步远的地方，结果仍被小偷强行骑走。自行车被盗后，要及时向派出所报案，写明车主姓名、住址，以及车型规格、车牌号，何时何地被盗，以便公安机关破案及破案后领取自己的自行车。

遇到抢劫怎么办

抢劫案件是一种危害性很大的多发性案件。但是只要青少年了解和掌握了这类案件的类型、特点，群策群力，争取针对性的安全防范措施，是可以防止和减少这类案件的发生的。

对付抢劫分子，足够的勇敢和无畏的搏斗常常能制服对方，甚至在突然遭抢的紧急关头，一声大吼也会产生奇异的威慑力量。因为抢劫分子都有做贼心虚的心理，所以非常害怕正义的力量。但是，也不能小看了抢劫分子，他们中间也有很多不知羞耻的亡命之徒。

遇到抢劫时要迅速镇静下来，以便利用更多的时间来迅速捕捉抢劫分子的各种特征，或可供破案的线索。如他们的身高、体形、肤色、相貌、口音、衣着、随身携带物品等等，如有可能，最好能留下一点罪犯的实物罪证，哪怕是罪犯口袋里抢出来的一张小纸片，也很有可能有利于案件的侦破。抢劫分子一逃走，就应立即向当地公安机关报案。

在有些情况下，智斗应该成为搏斗的思想准备。有些抢劫分子看上去来势很猛，实际上色厉内荏，并不是被抢者的对手。当他以威胁的口气向被劫者要钱物时，聪明的被劫者一定会很快估计出对方的实力。在佯装掏钱取物时，被劫者可以冷静地瞅准时机，继而迅速地对抢劫者实施猛力的反击，若能就地将犯罪分子捉拿归案当然更好，即使不能，也可以在猛然的反击之后，趁他们慌乱之时，抽身跑走。同时要注意反击一定要经过对双方实力的冷静判断，否则会带来十分不利的后果。

有些抢劫者，在被抢者没有反抗行为时，只是把财物抢走，但也有一些抢劫分子不惜采用杀人灭口的残忍办法，去达到他们的卑劣目的。

抢劫分子的行为常常是突然发生的，被抢者根本没有防备，而抢劫者无论是蓄谋已久，还是突起歹意，在抢劫行为前，他们都多少有了一定的物质上（如凶器等）和精神上的准备。这就使被抢者通常处于劣势地位。在这种情况下贸然和他们搏斗，结果是非常危险的。尤其在抢劫分子人较多、一个人应付不了的情况下，最好不要鲁莽行事。这样做并不是怯懦行为。退一步是为了进两步，暂时让他们猖狂一下，是为了更好地打击他们的嚣张气焰。

拦路抢劫的预防和处理

为防止遭到路上抢劫的发生，应该注意几点：

1. 选择安全的路线。抢劫犯常常隐匿在偏僻的地方等候作案，学生上下学时尽量选择人多的路线，不要通过人迹较少的道路、胡同，或废弃的厂房、工地。

2. 按时上下学，放学后尽早回家，不要在外面玩到天黑。

3. 晚上必须出门时，应携带一些可以作为防身的物品，并有大人陪伴。身上不应携带较多的钱物。在城市里，晚间行路应走在灯光明亮的街道上，并靠近马路，这样纵使有人埋伏在房屋墙壁下或胡同口，也不能马上靠近你。如果夜色太晚，最好乘出租车回家。在乡村，晚间行路应选择大道，不要为了抄近路而穿过荒地。

歹徒的目的是为了钱财，如果贸然逃跑可能会遭到歹徒的伤害。遇到抢劫可将随身携带的少量钱财、物品交给歹徒，应付周旋，并注意记下歹徒的相貌、衣着、身高、口音及逃跑的方向，及时报告附近的巡逻警察或到就近的公安机关报案。除非迫不得已，不要轻易与歹徒发生正面冲突，以免引来杀机。如果要进行反抗，心中要有十成的把握，而且不露声色。趁歹徒疏忽时攻其不备，出手要快，要有力。假如遇到的是杀人狂，而自己又无法逃走，就一定要奋力反抗。但千万不要忘记，能有机会逃走还是先逃走。

在与歹徒搏斗时，一定要高声喊叫，一方面缓解自己的恐惧心理，另一方面可令歹徒感到会有人听见相助或报警而分心害怕。同时，要不断地变换招式，如打几下，跑几步，出击时要对准歹徒的要害部位，以便制服歹徒或乘机脱身。

中小学生上下学路上，常有遭到社会上不良青少年或有劣迹的在校学生劫持的危险。这些人对学校的情况比较了解，对被劫持的学生的行走路线也比较熟悉，而且也抓住一些同学受到侵害以后怕报复不敢报案的心理，往往采取以大欺小、以强凌弱、以多压少的办法，索要钱物，有时甚至见什么要什么。遇到这种情况，应保持心理稳定，不要惊慌；同时头脑清醒，思考相应对策，不要显得十分恐惧。否则，会使犯罪分子更嚣张。要及时观察四周情况，如果发现行人很多，或有自己熟识的人等，可高声喊叫向人求助。如果面对的劫持者人少或只有一个人且没带凶器时，可以应付周旋，乘歹徒不备予以打击，并高喊"警察来了"，趁歹徒愣神之机突然跑开，并迅速向附近群众求助。如果是同学或认识的其他在校学生要钱要物，千万记住不能要啥给啥，更不能不敢声张，这反而会助长这些人今后经常骚扰；要坚决拒绝，并言明要报告老师、学校及公安机关。

怎样防止入室抢劫

犯罪分子的作案对象，往往会是那些脖子上挂着钥匙，放学后独自回家的学生。青少年独自回家或独自在家时，如果缺乏防范措施和防范心理，是容易成为抢劫犯入室抢劫的目标的。

入室抢劫多发生于城市里。有条件的家庭，应当安装合格的防盗门和防盗警报系统。独自在家的学生，听到敲门声后，可通过窥视孔察看来人。如果陌生，可不予理睬，或是不打开防盗门。许多罪犯自称是父母的同事或朋友，对此不要轻易相信，应多多询问，这样才能辨别真假。有些罪犯则佯称有急事寻求帮助，这时应问明其电话号码，帮其打电话，不要让对方进屋，也可以让来人到居委会或街道办求助。

如果罪犯已入室并露出凶器，便设法周旋，不要盲目反抗。抢劫者逃跑后，要及时向居委会或打110到派出所报案，并说明罪犯的性别、年龄、外貌、显著特征、衣着、口音等，以协助破案。

遇到劫机时怎么办

劫机事件是一种罪恶的暴力行为，不仅极大地威胁着旅客和机组人员的生命财产安全，还使其中的一部分人，在不同程度上产生了一种大家都熟悉的综合性疾病——监禁性损伤。监禁性损伤是人体在恐惧状态下和失去自由的不健康气氛中，忍受长时间禁闭所产生的痛苦。

青少年为了避免和减轻监禁性损伤，首先，要鼓起勇气，敢于面对现实，将生死置之度外。如果做不到这一点，也应尽可能去想一些其他的事情，对眼前所发生的一切视而不见,超脱现实,以减少恐惧心理。其次是多饮水,有条件的话,该吃则吃,该喝则喝,以维持机体的生理需要。

由于劫机分子限制人体移位,在端坐时要设法进行局部活动,有可能的话要尽量舒展肢体,多做一些随意性活动,或借助于去卫生间的机会,达到活动身体的目的。当然,要注意不能做出使劫机犯误解的动作,以防其狗急跳墙。有慢性病的人,要酌情提前服用一些药物,防止病情的加重或复发。身处困境的青少年,要尽可能按照以上要求去做,把监禁性损伤所造成的痛苦减少到最低的限度。

青少年要远离性侵害

青少年正处于成长发育的阶段,所以需要更好地保护自己。防止未成年人遭受性侵害,重在预防。青少年需要提高自我保护意识和性别意识,防患于未然。

预防青少年性侵害应该注意以下事情:

1. 居家生活安全

(1)平日里应和邻居互相认识参与适当的互动,发生事情时可以互相帮忙。

(2)一个人在家把门锁好,灯光打亮。

(3)不要随便告诉打电话来的人"父母不在家",可以说"父母暂时不方便接电话,请留下电话号码"。

(4)大人不在家时,不要开门让人进来修水管、送快餐或包裹。

(5)懂得分析亲戚朋友的好坏,不要让长辈随便碰触你的身体。如果真发生此事要敢于拒绝并告诉父母、老师。

2. 就学途中安全回家应结伴同行,避免一个人落单。哨子、零用钱、电话卡应随时携带,以备不时之需。

(1)对于车上的问路人要保持距离,以免被强行掳走。

(2)有人谎称父母有事要带你同行,要随机应变拒绝他。

(3)注意楼梯、电梯里的可疑人物,尽量别与陌生人搭同一部电梯。

(4)搭乘交通工具,可利用书包阻隔与陌生人接触,若需搭计程车,可先请父母打电话叫车。

3. 校园安全生活

（1）在楼梯、储藏室、偏远教室等学校死角，应与同学结伴而行，避免一个人行走。

（2）不要一个人太早来学校或太晚离开学校，避免一个人留教室。

（3）放学后不要单独一个人留下帮老师做事，如有老师要抚摸你，应该勇敢拒绝并告诉家人。

（4）在学校如遇到自称督学、师长或亲友，要尽快报告老师或训导处查询，避免受骗。

（5）看见同学被骚扰或侵害要立即呼救，并报告老师。

4. 校外安全生活

（1）外出前要告诉家长地址及返回日期，并保持联络。

（2）外出期间，要留意周围的人、事、物及情境，如看见暴露狂要保持冷静，不要害怕，快速走开。

（3）避免进入歌舞厅及台球厅。

（4）不喝来路不明的饮料。

据统计，在已报警的各类强奸案中，有50%左右是在居民住宅内发生的。如何防止入室强奸，对于体单力弱和缺乏社会经验的少女来说，显得尤为重要。

首先，住宅的建筑要保证安全。城市家庭最好安装防盗门，居住在一楼的住户应装上窗户防盗栅栏，楼道内要有灯光照明。农村家庭的院门、屋门都应有锁，窗户关闭灵活、牢固，或是装有栅栏。其次，少女独自一人在家时，不要让推销员、修理工之类的陌生男人或不太熟悉的男人进门，即使是邻里或村民，如果平时信不过或觉得其行为不端，也要拒之门外。安装了防盗门的家庭，平时应从屋内反锁或插上插销，当有人敲门时，可打开屋门察看来人，来人并不能破门而入，是比较安全的。

此外，在给来人开门前，也可以打开电视、收音机等，造成屋内有人的假象，如果来人心怀叵测，就可能不敢贸然闯入。对于那些传递父母受伤消息、自称父母同事或朋友的来人不能轻易相信，要多盘问几句。上门求助或借电话的人，一是打发他们到居委会，一是让对方留在门外，自己在屋内替其打电话（只限于替对方报警或呼叫救护车，其他的内容不予理睬）。一旦来人抢入门内并试图行暴时，要尽量利用身边的物件进行防卫并大声呼叫，或是用玻璃瓶、盘子等易碎物品砸向墙壁或地面，既可引起邻居或外人注意，又能利用碎渣利刃阻止歹徒靠近自己。手持敲掉底的玻璃瓶（尤其是酒瓶）是一件十分有效的护身武器。徒手格斗时，要尽量攻击歹徒的眼睛、鼻子、腹部等要害之处。遭受歹徒入室强暴后一定要打消顾虑，及时向公安机关报案。只有这样才能进一步保护自己，保护更多的姐妹不会受害。

提高自我保护意识，加强自我保护技能

作为一名渐渐长大的青少年，在享受来自家庭、来自学校乃至全社会的对青少年的特别呵护的同时，青少年应当承担哪些安全责任呢？

青少年并不需要非常具体学会各种自救的常识再去面对生活。首先应该有一种自我保护的意识，意识到自己有一种自我保护的责任，而在遇到困难时学会首先自救，或者避免去做一些有可能危及自身安全的事情。

在成长的过程中，总是不可避免地会碰到各种各样的困难，碰到各种各样的难题。我们生活的这个环境处处都有许多规则，这些规则是我们生活安全的保障。一旦无视它们，甚至有意地去违反它们，就会带来非常危险的后果。因此，一个具有自我保护意识的青少年，应该主动地去遵守这些社会规范，并且能带头去让自己的朋友和伙伴都来遵守这种规范。

比如说，交通规则要求走大街时骑车不可逆行，过十字路口时要注意红绿灯。这些规范都是我们日常生活中的习惯，每个人只要去自觉地遵守它，我们的生活中就少了许多交通事故。

生活在现代都市中的新一代青少年朋友，一定要从小养成遵守社会公德的好习惯。这首先就是一种自我保护意识的表现。生活在现实生活中的青少年，也许发现现实中有许多东西并非想象的那样。生活在大都市中的青少年，常可以看到许多人闯红灯、买票不排队的现象。作为未来现代社

无故不居危

——远离危险

会成年公民的青少年，不能受这种不良的社会风气的影响。作为一个有强烈自我保护意识的青少年，更应该模范地遵守社会公德。无论待在家里，还是出外到大街上去游玩、购物，或者到更远一点的郊区去游玩，大家都希望一路顺风，平平安安地去，高高兴兴地回。然而天有不测风云，生活中难免有一些意想不到的祸事会发生。

青少年朋友们，如果有一天，突然发现居民楼中浓烟四起；如果有一天，发现有小偷在邻居家偷东西；如果有一天，发现邻居家有人煤气中毒；如果有一天，面对持刀行凶的歹徒，会怎样去做呢？这样一些情况，仅仅具有自我保护的意识是远远不够的，还必须具有自我保护的技能。树立自我保护意识，加强自我保护的技能，才能帮助青少年健康快乐地成长。

八大方法预防伤害

懂得预防伤害的基本方法也是青少年树立自我保护的一种表现。

1. 义正词严，当场制止

当青少年受到坏人的侵害时，要勇敢地斗争反抗，当面制止，绝不能让对方觉得你可欺。可以大喝一声："住手！想干什么？""要什么流氓？"从而起到以正压邪、震慑坏人的目的。

2. 处于险境，紧急求援

当自己无法摆脱坏人的挑衅、纠缠、侮辱和围困时，立即通过呼喊、打电话、递条子等适当办法发出信号，以求民警、老师、家长及群众前来解救。

3. 虚张声势，巧妙周旋

当自己处于不利的情况下，可故意张扬有自己的亲友或同学已经出现或就在附近，以壮声势；或以巧妙的办法迷惑对方，拖延时间，稳住对方，等待并抓住有利时机，不让坏人的企图得逞。

4. 主动避开，脱离危险

明知坏人是针对你而来，你又无法制服他时，应主动避开，让坏人扑空，脱离危险，转移到安全的地带。

5. 诉诸法律，报告公安

受到严重的侵害、遇到突发事件，或意识到问题是严重的，家长和校方无法解决，应果断地报告公安部门，如巡警、派出所，或向学校、未成年人保护委员会、街道办事处、居民委员会、村民委员会、治保委员会等单位或部门举报。

6. 心明眼亮，记牢特点

遇到坏人侵害时，一定要看清记牢对方是几个人，他们大致的年龄和身高，尤其要记清楚直接侵害你的人的衣着、面目等方面的特征，以便事发之后报告和确认。凡是能作为证据的，尽可能多的记住，并注意保护好作案现场。

7. 堂堂正正，不贪不占

不贪图享受，不追求吃喝玩乐，不受利诱,不占别人的小便宜。因为"吃人家的嘴软，拿人家的手短"，往往是贪点小便宜的人容易上坏人的当。

8. 遵纪守法，消除隐患

自觉遵守校内外纪律和国家法令，做合格的中小学生。平日不和不三不四的人交往，不给坏人在自己身上打主意的机会，不留下让坏人侵害自己的隐患。如已经结交坏人做朋友或发现朋友干坏事时，应立即彻底摆脱同他们的联系，避免被拉下水和被害。

八 急救：危急时刻挽救自己

Tips——青少年安全小提示

遇到紧急情况，及时拨打报警(110)、火警(119)、急救(120)电话，并保护好现场和物证。报警时要讲清楚案发具体地点或明显建筑物等。

溺水的急救方法

溺水，是在游泳或失足落水时发生的严重意外伤害。

刚刚溺水的时候，人在水里挣扎导致呼吸道和消化道少量进水，呼吸反射性暂停，虽然此时神志清醒，但动作却十分慌乱。接着因缺氧而重新呼吸，使水入肺而引起呛咳，同时胃发生反射性呕吐，呕吐物则进入气管阻塞呼吸造成窒息。一旦出现窒息，神志会越来越不清醒，很快出现昏迷，继而呼吸停止、各种反射消失、大小便失禁，但仍有微弱心跳和呼吸。如果这时仍得不到及时抢救，将在2～3分钟内死亡。

溺水过程中出现的上述各阶段症状决定着急救时应采取的正确措施，也预示着溺水本人的不同预后。青少年发生溺水的情况比较多见，原因是青少年不了解水性，对自己的体力和游泳能力缺乏正确估计，或是下水之前没有作充分的准备活动和游泳时间过长。下水前没有作充分热身，就会在下水后遭到寒冷刺激的时候出现四肢（尤其大小腿）痉挛、抽搐，从而导致溺水。游泳时间过长，会使体内二氧化碳丧失过多，这样就容易发生溺水。

溺水按轻重程度分为三种：轻度溺水，吸入、吞入的水量较少，存在反射性呼吸暂停，血压升高，心跳加快但神志尚清醒；中度溺水，水会在呼吸道、食道中反复呛咳、吸入使呼吸道梗阻加重，产生窒息，呼吸不规则，血压开始下降，心跳减慢，反射减弱，神志模糊；重度溺水，一般发生在溺水后 3～4 分钟，会出现面部肿胀、青紫，眼睛充血，口腔、鼻腔有充血性泡沫，肢体冰冷，烦躁不安，伴有抽搐，上腹部因积水而膨胀。死亡一般呼吸先停，而后心脏停搏，瞳孔扩大。

青少年发生溺水的事情很常见，预防溺水，青少年必须做到：不要在没有成人陪伴时单独游泳；乘船或捕鱼时，应配带救生设备；游泳时应该注意水域深浅，并学会用脚试水深浅；冬季不要在冰上步行、滑冰或在薄冰上骑车。

游泳前作好充分的预备活动；游泳中根据自身的体力合理安排时间，在饥饿、疲劳时不宜下水。凡曾患有高血压、心脏病、肝肾疾病、肺结核和癫痫等慢性疾病的青少年，在参加游泳活动前，必须征询校医的意见，并通过认真的健康检查。未勘查的湖泊、河流、水塘坚决不要私自下水。

青少年仅仅学会怎样预防溺水是不够的，当发生溺水的时候也要知道该怎样急救。从发生溺水到死亡，平均时间为 4～12 分钟，青少年常背着家长、老师去非开放水域游泳，而现场救治条件常极差，所以，发生意外后争分夺秒并采取正确急救措施非常重要。

一旦发现同伴在水中挣扎，要毫不迟疑前往抢救，同时召唤其他伙伴协助。如身边有绳索、木板或其他不易下沉的物件，可抛给溺水者，再拖其上岸；游泳技术较好的，可迅速绕其背后，抓住头部或夹其腋窝，以仰泳方式将溺水者救出水面。

救到地面后，迅速将患者俯卧，垫高腹部，保持头部处于充分低位，以便倒出溺水者肺内及胃内的积水。也可将溺水者腹部向下，放在抢救者屈曲的一侧大腿上，头向下，轻压背部，分秒必争地倒出肺及胃内积水。在倒水同时，迅速清除溺水者口鼻中的泥沙和异物，解开衣领，将舌头拉出，使呼吸通畅。如溺水者呼吸、心跳停止，应将溺水者仰面平放地上，进行口对口人工呼吸和胸外按压心脏进行急救。人工呼吸的时候应

无故不居危

——远离危险

一面作人工呼吸，一面作胸外心脏按压，两者协调进行（即平均吹一口气，按压心脏 4～5 次），最好由两人协调配合进行。若溺水者牙关紧咬，也可将人工呼吸由口对口改成口对鼻，但无论采取哪种方法，都应持久地坚持下去。因为溺水者此时处于"假死"状态，被救的希望仍很大。溺水者苏醒后，应注意保暖，并饮服热茶、热姜汤和糖水，让病人安静休息。

上述抢救应就地进行以免因送医院而延误时间，同时，应尽快和医生取得联系。

烧伤时如何应对

在日常生活中，常会发生被火焰、开水、沸油等烫伤烧伤的情况。学生在做实验时不小心还可能被化学药剂烧伤，如强酸、强碱或磷烧伤等。要预防烧伤的发生，青少年应注意以下几点：

1. 单元房，特别是高层公寓厨房必须装有烟雾警报器，再安装自动喷水灭火系统。警报器应每月检查，每年更换新电池。

2. 平时应安排好发生火灾事故时的紧急出逃路线，贴于房内明显处，并有意识地与家人或同房间工作人员演练。

3. 加强安全用电宣传，不要乱拉电线，使用电器不要超过电路负荷。特别要注意不要玩弄电器、电线、插头、插座等。

4. 家长炒菜、煎炸食品时，不要在周围玩耍、嬉闹。

5. 如果想自己尝试做饭，一定要在大人的指导与监督下进行。

6. 不抽烟，不玩火。

7. 正确使用家用电器。

8. 使用蚊香的时候要正确点火和安放。

9. 学校做试验的时候要按老师的指导正确操作。

当青少年不小心被烧伤后，首先要看伤口的深浅和面积，这样就可以判断烧伤的严重程度。烧伤按严重程度可分为：

第一度（红斑性）：皮肤发红（感到火辣辣的灼痛），只损害皮肤的表皮层，3～5 天自愈；

第二度（水泡性）：皮肤发生水泡，感到火辣辣的特别痛。皮肤的真皮浅层已受到损伤；

第三度（坏死性）：皮肤伤裂脱落，受到严重损害。

不同的情况应采取相应的处理。遇到烧伤时要学会坚强，不要惊慌失措、大呼小叫，不要自己乱用药物。烧伤后热力已经烧坏皮肤，而侵入人体的热量将继续向深层浸透，造成深层组织的迟发性损害。如何利用发生烧伤现场设施，对伤口进行科学合理的早期处理，以降低烧伤造成的损失，是每个青少年必须掌握的急救技巧。

首先，应尽快脱去着火或沸液侵蚀的衣物，特别是化纤衣，以免着火衣服和衣服上的热液继续作用，使伤口加大加深。身上着火时，迅速卧倒，慢慢地在地上滚动，压灭火焰。不要在衣服着火时站立或奔跑，以防增加头部烧伤及吸入性伤害。

如果是轻微烧伤且伤口面积小于3厘米，可以用缓慢流动的冷水冲洗，或在冷水中浸泡10分钟以上。这样做可以带走局部热量减少进一步损失。然后用消毒纱布包扎伤口，但是要注意不能包得太紧。严重烧伤或大面积烧伤时，这时患处的衣服或破片不能撕下，要用干净的衣物包住患处，然后去医院救治。

最后青少年必须记住：只有一度和浅二度（均无皮肤破损）的烧伤，才可用水冲淋或是浸泡在冷水中。

怎样防治中暑

中暑是高温影响下的体温调节功能紊乱，常因烈日曝晒或在高温环境下重体力劳动所致。常见的中暑原因：

正常人体温能恒定在37摄氏度左右，是人体通过下丘脑体温调节中枢使产热与散热取得平衡的结果，当周围环境温度超过皮肤温度时，散热主要靠出汗，以及皮肤和肺泡表面的蒸发。人体的散热还可通过循环血流，将深部组织的热量带至上下组织，通过扩张的皮肤血管散热，因此经过皮肤血管的血流越多，散热就越多。如果产热大于散热或散热受阻，体内有过量热蓄积，即产生高热中暑。

中暑按病情轻重可分为：

1. 先兆中暑

在高温环境中，中暑者出现头晕、眼花、耳鸣、恶心、胸闷、心悸、无力、口渴、大汗、注意力不集中、四肢发麻，此时体温正常或稍高，一般不超过37.5摄氏度。此为中暑的先兆表现，若及时采取措施如迅速离开高温现场等，多能阻止中暑的发展。

2. 轻度中暑

除有先兆中暑表现外，还有面色潮红或苍白，恶心、呕吐、气短、大汗、皮肤发热或湿冷、脉搏细弱、心率增快、血压下降等呼吸、循环衰竭的早期表现，此时体温超过38摄氏度。

3. 重度中暑

除先兆中暑、轻度中暑的表现外，并伴有昏厥、昏迷、痉挛或高热。

4. 重度中暑还可继续分为：

中暑高热，即体内大量热蓄积。中暑者可出现嗜睡、昏迷、面色潮红、皮肤干热、无汗、呼吸急促、心率增快、血压下降、高热，体温可超过40摄氏度。

中暑衰竭，即体内没有大量积热。中暑者可出现面色苍白、皮肤湿冷、脉搏细弱、呼吸浅而快、晕厥、昏迷、血压下降等。

知道了中暑的原因，就可以有针对性地采取一些有效的预防措施。青少年避免中暑应该做到以下几点：

1. 躲避烈日。上午10时到下午4时避免在烈日下行走，因为这个时间段发生中暑的可能性是平时的10倍。在高温季节要尽可能地减少外出。

2. 遮光防护。如打遮阳伞、戴遮阳帽、戴太阳镜、涂防晒霜、准备充足的饮料。需要提醒的是，即便是身体强健的男士，也应作好上述防护措施，至少应打一把遮阳伞。

3. 补充水分。养成良好的饮水习惯，通常最佳饮水时间是晨起后、上午10时、下午3～4时、晚上就寝前，分别饮1～2杯白开水或含盐饮料（2～5升水加盐20克）。不要等口渴了才喝水，因为口渴表示身体已经缺水。平时要注意多吃新鲜蔬菜和水果亦可补充水分。

4. 增强营养。平时可多喝番茄汤、绿豆汤、豆浆、酸梅汤等。

5. 备防暑药。随身携带防暑药物，如人丹、十滴水、藿香正气水、清凉油、无极丹等。

6. 遇到闷热天气，又赶上在室内活动时，一定要把门窗都打开，保持良好的通风条件。城市里的小朋友，最好不要到闲置的楼房地下室去玩，天热时地下室通风不好，中暑的可能性就更大。

如果发现有人中暑，可先把中暑的人抬到树荫底下通风及凉快的地方，给他解开衣扣。如果患者面部发红，要将其头部垫高，面部惨白者要将其头部放低。不要围观，让病人尽快地把身体的热散发掉。如果病人昏迷不醒，应该马上送医院或找大夫医治。如果附近没有医院也找不到大夫，就应该先作些简单的治疗：

1. 可以给病人吃几粒仁丹、藿香正气水等，额角抹一点清凉油、风油精等，可以给病人减轻症状。体温过高者可用酒精擦额及全身，加速散热，使体温下降。

2. 病人昏迷是因为大脑受热后失去了正常的工作能力，为了让他清醒，可以用针刺或是用手掐他的"人中"穴，也可以给病人闻刺鼻子的酸味。

3. 要是病人没有昏迷，就用不着扎按"人中"穴，有条件可以泡杯茶给他喝，病人慢慢就会缓解过来。病人要是出汗过多，还可以让他喝点盐开水。

4. 不管对什么样的中暑病人，都不要马上往病人身上浇凉水，而是要用温水给病人擦擦身子，使病人身体里的热尽量散出来，然后再用毛巾沾上比较凉一点的水放在他的头上，等病人的体温降到 38 摄氏度左右，就不必冷敷了，他自己就可以逐渐地恢复正常。

发生冻伤怎么办

冻伤是人体遭受低温侵袭所发生的一种表现。人体保持相对恒定体温，有赖于体温调节中枢的一系列活动，使产热和散热维持平衡。如低温对人体的侵袭超越生理功能调节的限度，或因抗寒措施不利时，就容易发生冻伤。冻伤可分为局部冻伤和全身冻伤。

局部冻伤的程度与表现：局部冻伤后可感觉到局部寒冷，针刺样疼痛，皮肤苍白、麻木、感觉消失等。局部冻伤分为四度：一度冻伤，皮肤红肿、充血，有热、痒或痛感；二度冻伤，皮肤红肿，可出现水疱，疼痛较剧烈，但对冷热、针刺均不敏感；三度冻伤，皮肤全层坏死，皮肤相继逐渐变为褐色或黑色，最后坏死，感觉完全消失；四度冻伤，坏死的深度达肌肉、骨骼，患部完全失去知觉和功能，发生干性或湿性坏疽。

局部冻伤的处理：轻度冻伤只有局部红肿、发痒，稍有肿胀，可每天用温热的水（与体温相近）洗几次，洗时进行轻轻的按摩，以增加局部的血液循环，或者局部涂擦冻伤膏；局部冻伤较重或已有坏死者，则应到医院由医务人员进一步处理。

全身冻伤也称为"冻僵"。全身冻伤是当身体在寒冷的环境下，身体消耗了大量的热量，出现体温下降、血压下降、意识消失、呼吸变慢、脉搏变弱，如不及时抢救治疗，则可因呼吸、循环衰竭而死亡。

全身冻伤大体上可分为三个阶段：第一阶段，体温略有下降，感觉麻木，四肢无力，极度疲倦，昏昏欲睡；第二阶段，体温显著下降，伤者处于昏迷状态，心跳、呼吸继续减慢，神志迟钝，常出现幻觉，肌肉僵硬；第三阶段，体温降到 24 摄氏度以下，全身肌肉僵硬，血压测不出，脉搏摸不到，瞳孔散大，呼吸心跳微弱，此时常容易误认为死亡。

冻伤的急救处理：将病人迅速移至温暖的环境中将病人放在 38～40 摄氏度的温水中浸泡，使体温恢复接近正常体温时停止；当病人神志清醒后可给予热饮料，如姜糖水、浓茶水，并让病人充分休息；有条件时可将病人送到医院治疗。

在民间，发生冻伤时，一般用雪或冰摩擦受伤的部位。但如果用力摩擦，可能会引起皮肤溃烂。遇到冻伤时，要尽可能使冻伤部位缓慢温和地得到温暖而恢复正常状态。切忌用火直接烘烤或用太热的水直接浸泡。具体救治方法如下：

1. 让患者进入温暖的室内，脱去湿的衣服和鞋袜，喝一些温和的饮料，成人可喝少量的酒。

2. 局部冻伤时，可以将患部浸在 27～42 摄氏度的温水中，4～5 秒钟左右取出来，如此反复进行，直至受冻的部位恢复正常体温为止。

3.全身冻伤时，可以用比体温低10摄氏度左右的温水浸泡或淋浴，令身体慢慢恢复正常体温。

4.患处温暖后，可以慢慢活动患部，并进行适当的按摩。

5.轻度冻伤者，患处体温转暖后，可以涂抹冻疮膏、猪油蜂蜜膏等，已出现水泡不可挑破。冻伤严重者，进行上述救治后，仍需到医院作进一步治疗。

在气温低的日子，出门要做好充分的防护工作，穿上宽松、保暖、不透气的衣服，戴上帽子、围巾、手套。鞋袜不可太硬或太紧。在户外做洗涮工作时，不要让浸湿的手脚受冷风的正面吹袭。平时还要注意锻炼，增强身体抵御风寒的能力。

冬季户外活动参加者人数的增多，造成冻伤人数的增加。当外界温度过低时，由于身体内支配和控制体温的中枢功能降低，引起体温调节的障碍，可引起局部冻伤。运动性冻伤多见于长时间滑冰、滑雪、长跑、登山运动等运动项目。冻伤的发生除因外界温度低这一因素外，还与潮湿、风大、全身和局部抵抗力下降、肢体静止不动等有关。

运动员中冻伤部位多见于手足末端、鼻尖、两耳；以第一度冻伤较多，第三度冻伤较少。

冻疮是冬季运动中最常见的一种冻伤。当组织受冻后，血管收缩，血流减少。冻伤和缺血使神经末梢麻木，起初不出现明显疼痛，这样许多人并不知道患了冻疮；当皮肤出现苍白，无感觉时才发现。这种冻伤在几小时内无不适感，但进展持续、冻伤组织范围逐渐扩大，直达手指或足趾远端。冻疮常出现皮肤麻木，再复温时发生剧烈疼痛。深层冻疮可涉及真皮层，表现为缺血、青紫、水泡和坏死组织形成。

寒冬时触碰金属可引起唇、舌或手足皮肤的撕破，造成剧痛，但一般比较浅。饮用冰冷的含酒精饮料可引起唇、舌、食道的冻伤，虽然罕见，但可致死伤，应严加防范。角膜冻伤可在滑雪者中见到，一般用眼罩可预防。

冻伤后遗症可表现为：对寒冷过敏和末梢血管收缩，严重时造成户外活动受限，个别可发展为雷诺氏病。雷诺氏病是双侧手、足小动脉或微动脉周缘性异常收缩的疾病。冻僵是指整个身体处于低温下。运动性冻僵常发生在马拉松滑雪或长跑发生意外时，表现为低血糖、低血容量和周缘性扩张。骑马登山发生事故、气候骤变、体力不足等也可发生冻僵。运动员在寒冷天气处于脱水状态也会发生冻僵。

运动性冻伤的预防：运动服装和鞋袜要求保暖和宽松，如冰鞋不能太小、挤脚；冬季锻炼时要带御寒用具，如手套、暖兜带、护耳等；鞋袜要保持干燥，运动或走路多后，出现潮湿要及时更换；身体静止不动或疲劳时，要注意保暖；在训练、比赛间歇和比赛后要及时穿好衣服，这样不仅能预防冻伤，也可预防感冒；饮食中适当补充含蛋白质和脂肪较多的食物。

疯狗咬伤时如何自救

青少年在外出时碰到狗不要随意逗弄，更不能和狗眼对眼地看，那样它会以为你要向它进攻，它会主动进攻，甚至会把人咬伤。另外，狗欺生人，遇到农家看家护院的狗，要躲着它，更不要打逗它，否则就会发生危险。见到狗不要跑，如果见到狗就跑，它就会追上来咬人。总之对不认识的狗，都应该"敬而远之"。身上有伤口时，不要和狗亲昵，以防狗的唾液污染伤口。发现疯狗，要报告有关部门，及时将之捕杀，以免更多的人受到伤害。

疯狗身上带有狂犬病毒。人被咬伤后，狂犬病毒通过伤口进入人体进行繁殖。狂犬病潜伏期短者十余日，长者可达半年或一年。病人发病后症状严重，表现为烦躁不安、恐水、抽搐、牙关紧闭、角弓反张，最后因呼吸麻痹而死亡。恐水为突出的症状，表现为饮水、见水或闻流水声皆可引起咽喉痉挛和全身抽搐，故又叫"恐水病"。如果治疗不及时，就会有生命危险。发生狂犬病，几乎100%死亡。被疯狗咬伤后，马上用清水或肥皂水洗干净被咬伤的部位，然后擦上75%的酒精进行消毒，最后涂抹2%～3%的碘酒。如果伤口较深，可用浓硝酸烧灼，这样能将入侵病毒全部或大部杀死。经过这些处理后，还应到医院进行检查并注射狂犬病疫苗

（即便是被普通的狗咬伤，也应到医院作检查治疗）。

蜂蜇伤时如何自救

在野外活动碰到马蜂、蜜蜂和一些不知名的小蜂时，最好不要去惹它们，特别是看到蜂窝时，更不能因为好玩就去捅它们，要是惹到它们，它们就会蜇人。如果遇到有蜂子袭来时，要把脸捂起来面部向着地面趴下，等蜂子飞走了再起来。蜜蜂、黄蜂等蜂类昆虫尾部带有毒刺，其毒性大小依照蜂种的分类而有不同。蜂毒主要含有神经毒、组织胺和蚁酸等。蜂毒进入人体内以后，可引起过敏反应、喉头水肿等症状，特别严重的会造成死亡。被蜜蜂或黄蜂等蜂类蜇伤时，要用镊子等工具将残留在皮肤内的蜂刺夹出，或是用嘴小心地吸吮出，以免身体继续吸收蜂毒。然后在蜇伤部位抹上抗组织胺剂药膏，或是用肥皂水或5%小苏打水或3%氨水涂抹患处（被蜜蜂蜇伤时）。若是被黄蜂蜇伤，则用食用醋兑50%水，或用1%醋酸水或30%硼酸水涂抹患处。蜇伤部位出现肿胀时，可用冰袋或冰水冷敷患处。不能用手去抓挠肿胀发痒的患部，以免弄伤皮肤引起感染、化脓。身体被多处蜇伤时，不要马上冲水洗澡，否则会加重搔痒的症状。如果出现全身反应，可口服苯海拉明或扑尔敏。出现重症毒性反应，应立即到医院治疗。

蝎子、毛虫蜇伤时如何自救

蝎子喜欢在干燥的碎石堆、树叶或是土穴里藏身，白天不出来，夜里才出来活动。蝎子的尾巴上有一条毒腺，如果碰到它，它就会蜇人。蝎子多见于北方农村地区，它蜇伤人的毒器是一个尖钩，长而锐利，位于其尾，紧连毒液腺。蜇人时，毒钩迅速刺穿皮肤，进入皮下组织，毒液随之流入伤口。蝎子越大，毒性越大；具有过敏体质的青少年被蜇后引发的全身中毒症状会更严重。不过，危及生命的蝎蜇伤一般很少见。

蝎蜇伤的轻重程度不一。较轻时，只有局部烧灼痛、红肿、麻木，有时出一点血，一般3～4小时后症状即缓解。中度严重者除了上述局部症状外，还有头痛、恶心呕吐、体温下降、乏软昏睡、出虚汗和口部肌肉强直感；少数病人还会出现哮喘、迎风流泪、怕光等现象。严重的时候，全身有抽搐表现。

被蝎子蜇伤，可采取如下办法救治：

1. 用 1:5000 高锰酸钾或 3% 氨水清洗患部，然后用拔火罐将蝎毒吸出。

2. 用蛇药（主要是眼镜蛇咬伤药）捣碎后调敷在患处，或是用大青叶、半边莲捣烂后敷在患处。

3. 用冰袋、冰水等敷在患处消肿止痛。症状严重者要到医院救治。

毒毛虫主要有松毛虫、桑毛虫和刺毛虫等。这些毛虫身上遍布很小的毒毛，毛内有空心管，内有毒液。当毒毛随风飘落在人体的裸露部位时，即引起所谓的"毒毛虫性皮炎"，是野外活动或农、林业劳动中最容易患的皮肤疾患。

桑毛虫生长在桑园或果园中，毒毛随风飘飞，落在皮肤上片刻，即引起局部奇痒，继而出现绿豆大小的斑丘疹或风团块；毒毛吹入眼睛，常引发结膜炎；毒毛吹落在室外晾晒的衣被上，会引起人的臀部、下肢的皮炎。松毛虫生长在松树林，毒毛主要自其幼虫，除引起和桑毛虫相似的皮炎外，其毒液还会引起手部和足的小关节发炎。刺毛虫，在北方称为"洋辣子"，以城市绿化树木为主要栖生地，发病在城市中最多见。刺毛虫的毒毛在某些体质过敏的人身上，会造成小丘疹性皮炎，周围有红晕，皮肤刺痒如火灼。毒毛虫性皮炎一般仅持续 1 ～ 3 小时，但它严重影响青少年的情绪、学习和睡眠。

青少年参加野外活动时，应注意穿长袖、长裤服装；穿越茂密树丛时宜戴帽并扎紧袖口、裤腿，以防毒毛虫侵害。

被毒毛虫蜇伤可作以下应急处理：

1. 用橡皮膏等黏性物品将毒毛粘住清除，不能用手搓揉，以免毒毛刺入皮肤。

2. 在患处涂抹抗生毒药膏，如果水泡已破，可涂以龙胆紫。

3. 口服扑尔敏或苯海拉明，以消除过敏症状。

蜈蚣咬伤时如何自救

蜈蚣咬人后，会在体表留下一对孔状伤口，同时放出毒液，使伤口发炎，出现局部红、肿、热、痛症状。蜈蚣身体越大，往往毒性也越大，引起的局部症状越明显，有时，还会出现恶心、呕吐和头昏等全身中毒现象，但一般无生命危险。

被蜈蚣咬伤后，要立即冲洗伤口。因为蜈蚣的毒液呈酸性，所以一般应以5％～10％的碳酸氢钠（小苏打）液或肥皂水等碱性液体冲洗，冲洗宜反复多次，洗毕可涂上3％的氨水。一般用碱性液将伤口冲洗得越彻底，局部症状消退越快。农村地区可因地制宜，采用半边莲、红辣蓼、大青叶或鹅不食草等，捣烂后涂敷伤口，疗效也很好。

如处理后仍有局部剧痛，也可口服止痛片，或作0.25％普鲁卡因伤口周围封闭。

蚂蟥咬伤时如何自救

蚂蟥又名水蛭，种类很多，有生长在阴湿低凹的林中草地的旱蚂蟥，也有生长在沼泽、池塘中的水蚂蟥，还有生长在山溪、泉水的寄生蚂蟥（幼虫呈白色，肉眼不易发现）。

蚂蟥吸血量很大，可吸取相当于它体重2～10倍的血液。同时，由于蚂蟥的唾液有麻醉和抗凝作用，在其吸血时，人往往无感觉，当其饱食离去时，伤口仍流血不止，常会造成感染、发炎和溃烂。遇到蚂蟥吸血时，不要惊慌失措，更不要用手硬行拉取蚂蟥身体，因为这反而会使蚂蟥的吸盘更加吸紧。正确方法是，把盐或醋洒在虫体上，蚂蟥会立即缩头退却，也可以用手轻轻拍打被叮咬的皮肤上方，使蚂蟥吸盘震松后虫体脱落。除去蚂蟥后，应仔细清洁伤口。最好用双氧水，若当时没有则用凉开水或清洁泉水亦可，但冲洗后要把局部擦干，涂上碘酒。在鞋面上涂些肥皂、防蚊油，可以防止蚂蟥上爬。涂一次的有效时间约4～8小时左右。此外，蚂蟥和蛇类对生蒜的气味也不敢靠近，将大蒜汁涂抹在鞋袜和裤脚，也能起到驱避蚂蟥的功效。

足部扭伤的应急处理

足部扭伤俗称"崴脚"，其中又以踝关节（位于小脚与脚之间）扭伤最为常见。当关节被猛烈的外力屈曲超过生理结构的限度时，附着于关节或在关节周围的韧带、肌腱、肌肉均可能遭受过分的牵扯，甚至发生部分纤维的撕裂，这就是扭伤。

当青少年行走在坎坷的道路，上下台阶或进行跳跃运动时，很容易因足部猛烈内翻而造成踝关节扭伤。穿着高跟鞋走路不小心时，也易发生这类意外。踝关节或足部其他部位扭伤时，通常会出现疼痛、浮肿等症状，严重的会出现关节内血肿（关节中出血）或骨折。轻则影响走路，重则导致关节的活动技能恶化而发生运动障碍。所以，发生足部扭伤时，应立即采取相应的处理。

发生足部扭伤时可以采用以下的方法进行急救：

1.安静地坐下或躺下，用冷、温布冷敷扭伤的部位。

2.用毛巾、布垫等厚实但柔软的物品包扎患处，患者不能随便走动，以免发生再骨折。

3.将足部用软垫、衣服等物品垫高，这样可以减轻浮肿现象的发生。

4.严重扭伤时，要背着或抬着患者到医院治疗，以免忽略了骨折的发生。

5.足部扭伤后，不能马上进行洗澡或按摩，以免影响医治。

为了防止扭伤，青少年平时在走路、上下楼梯和运动时，要注意保持身体的重心，避免踩空摔倒。最好不要穿有跟的鞋，以保证行走的安全并利于身体的发育。

腰扭伤时的急救措施

当弯腰提起重物，或者猛然转身，腰部承受不了突然出现的过大力量，就会发生疼痛，导致受伤，这就是人们常说的"扭腰"。

腰扭伤之后，会出现疼痛剧烈，连上下床铺、坐下起立，都十分艰难；甚至连咳嗽都会感到疼痛。遇到腰扭伤时可采取以下的方法进行处理：

发生急性腰扭伤后，先在 1～2 天内用冷毛巾作腰部湿敷，使破裂的小血管收缩止血。然后改用热毛巾湿敷，促进血肿吸收。再采取以下治疗方法：

1. 悬吊牵引法。患者站在单杠下，双手高举握住单杠的横杠，双足离凳，上肢、躯干和下肢放松伸直，利用身体重量悬吊牵引腰部，并在牵引下作前后摆动和左右转动。每天牵引 3 ～ 5 次，结束时足踏凳下地，勿直接松手落地。

2. 伸腰牵引法。患者仰卧床上，双上肢伸直放松，若为伸侧腰痛者，痛侧的髋、膝关节屈曲，然后借惯力猛力伸直下肢，以此来牵拉腰部，有时可听到腰部发响声；若是双侧腰痛者，可交替进行，每次行 5 ～ 10 分钟，每天行 3 ～ 5 次。

3. 抱膝滚腰法。仰卧，屈膝屈髋，双手相扣抱手膝关节下，头部尽量自双膝靠拢，使脊柱内背部后凸，利用自身力量，作摆椅式的滚动，开始时因腰肌板硬，滚动 1 ～ 2 分钟后，腰肌痉挛缓解，疼痛减轻，可加大滚动幅度 3 ～ 5 分钟，必要的情况下也应采取药物治疗，剧烈的疼痛，可吃止痛药。在最痛处贴上伤湿止痛膏或跌打膏，内服七厘散，开水服用。

休克时如何急救

休克，是一种由于有效循环血量锐减、全身微循环障碍引起重要生命器官（脑、心、肺、肾、肝）严重缺血、缺氧的综合征。其典型表现是面色苍白、四肢湿冷、血压降低、脉搏微弱、神志模糊。引发休克主要原因是通过血量减少，心输出量减少及外周血管容量增加等途径引起有效循环血量剧减、微循环障碍，导致组织缺血、缺氧，代谢紊乱，重要生命器官遭受严重的、乃至不可逆的损害。休克分如下类型：

1. 失血性休克。急性失血超过全身血量的 20%（成人约 800 毫升）即发生休克，超过 40%（约 1600 毫升）濒于死亡。严重的腹泻、呕吐所导致的休克都属于失血性休克。

2. 心源性休克。由急性心脏射血功能衰竭所引起，最常见于急性心肌梗塞，死亡率高达 80%。

3. 中毒性休克。主要见于严重的细菌感染和败血症，死亡率为

30% ～ 80%。

4.过敏性休克。发生于具有过敏体质的患者。致敏原刺激组织释放血管活性物质，引起血管扩张，有效循环血量减少而发。常见者如药物和某些食物（菠萝等）过敏，尤以青霉素过敏最为多见，严重者数分钟内不治而亡。

5.神经源性休克。剧烈的疼痛刺激通过神经反射引起周围血管扩张，血压下降，脑供血不足，导致急剧而短暂的意识丧失，类似于晕厥。有时虚脱与休克相仿，但虚脱的周围循环衰竭发生突然，持续时间短，在及时补液后可迅速矫正，主要发生于大量失水、失血和大汗时，休克的死亡多由于肾、心、肺功能衰竭所致。

青少年要知道发生休克的原因更要学会怎样处理这种情况，发生休克后可以采取以下方法进行急救：

1.一般紧急措施：使病人的头和腿均抬高 30° 角或平卧位交替。腿抬高有助于静脉回流，头抬高使呼吸接近于生理状态，保持病人安静，尽量避免过多地搬动患者，控制活动性大出血。必须搬动患者时，须动作轻而协调，放时宜缓慢而平稳。保持呼吸道通畅、保暖、吸氧等。

2.补充血容量：休克患者血循环容量不足，所以补充血容量是抗休克的根本措施，要尽快恢复循环血量。通过及时的血容量补充，发生时间不长的休克，特别是低血容量性休克，一般均可较快得到纠正，不需再用其他药物。要保持静脉输液的通畅。

3.对症治疗：积极处理原发病，消除引起休克的病因，恢复有效循环血量。

4.药物治疗：应用心血管药物，如多巴胺、间羟胺等，还可用血管扩剂改善微循环，以及脱水剂等。精神护理：保持室内安静，谢绝探视，避免刺激，减轻患者焦虑情绪，调动其积极因素配合治疗。

5.口腔护理：对神志不清患者应摘除假牙，防止误吸，每日做好清洁口腔的护理，警惕口腔黏膜霉菌感染。皮肤护理：休克病患者一般卧床治疗时间长，加之其末梢循环不良，故易发生褥疮，要保持床铺清洁、干燥、对受压部位可用气圈、棉垫等保护，定时用酒精或温水按摩骨突出部位。

怎样迅速止血

当人体受伤发生出血时，要根据出血的情形采取相应的止血方法。毛细血管出血，血液从创伤面或创伤口周围渗出，出血量少，红色，找不到明显的出血点，危险性小。贴一块创可贴即可。伤口大，则用消毒纱布或干净的布或棉花盖上，扎紧即可止血。静脉出血和动脉出血的情形比较严重，尤其是动脉出血，如果不尽快止住，将会危及伤者生命。当遇到伤者出血较多时，须采取下列步骤止血：尽量升高伤员出血的部位，特别是四肢受伤时。查看伤口，如果流出来的血是暗红色的，流得比较多，但是流得比较慢，这是静脉出血。用消毒纱布或干净的毛巾等柔软布料大力按在出血部位，加压包扎即可达到止血目的。如果流出来的血是鲜红色的，且流得很急，甚至向外喷，则是动脉出血。这时除了迅速用消毒纱布或干净毛巾大力按住出血部位，还要尽快找出受伤流血部位附近的连着心脏的动脉，然后用手强力按住此血管。这种止血方法叫做间接指压法。常见的指压止血法有：

1. 上肢指压止血法。此法用于手、前臂、肘部、上臂下段的动脉出血，可用拇指或四指并拢，压迫上臂中部内侧的血管搏动处。

2. 下肢指压止血法。此法用于脚、小腿或大腿动脉出血，主要压迫股动脉。可用两手拇指或拳头压迫大腿根部内侧的血管搏动处。

3. 肩部指压止血法。此法用于肩部或腋窝处的大出血，用手从锁骨上窝处压迫锁骨下动脉。

4. 面部指压止血法。此法用拇指压迫耳朵前的血管搏动处以止血。

指压法只能作为应急处理，处理后应及时送医院作进一步处理。头部出血，出血部位在头顶或前额，压迫部位在耳朵前上方跳动的血管。出血部位在面部压迫，部位是耳朵后面乳突附近的颈动脉；颈部出血，压迫颈总动脉，但不能同时压迫两侧的颈总动脉，以免引起大脑缺氧而昏迷；前臂出血，以另一只手靠肘弯握紧上臂内侧，压迫肱骨动脉；手掌出血，压迫手腕两边跳动的血管；手指出血，以两个手指捏紧伤指指根的两侧；大腿出血，压迫大腿弯跳动的股动脉；足部出血，压迫内踝与跟骨之间的胫后动脉或足面皮肤经纹中点的胫前动脉。使用间接指压法无论怎样按压也不能止住四肢的流血，在等待医生诊疗之前，可以先用止血带止血。止血带放置于出血部位的下方，将伤口扎紧，把血管压瘪即可止血。如果制止了流血现象，就不可再扭得太紧。或是每隔1小时（上肢）至2小时（下肢）慢慢松解一次，每次松解1～2分钟。若是此间伤员被送往医院，应在其身上挂个条子，写明止血时间。

5.绷带加压包扎法：指用无菌敷料覆盖创口后，用绷带加压包扎，以压住创伤部位的血管而止血。该法止血效果好，适用面广，手法简便，当出血量大时应先行压迫止血或止血带止血后进行包扎，包扎后应注意伤口是否达到止血效果。

6.止血带法：指用特别的止血带或胶皮管，或用毛巾、宽布条等代用品，缚扎在伤口的近心端，即上肢出血缚扎在上臂上1/3处，下肢出血缚扎在大腿上1/3处。该法主要适用于四肢大动脉出血。方法是：将伤肢抬高，在肢体上用软布加垫后再扎止血带，松紧适宜以达止血目的即可。止血带间隔0.5～1.0小时应放松1～2分钟，以防肢体坏死。

上述止血方法适用范围有所不同。动脉出血（出血呈喷射状，血色鲜红，流量大，可危及生命）常用指压法、加压包扎法、止血带法进行止血；静脉出血（出血呈持续性，血色暗红，血流量大，常能找到出血点）常用绷带加压包扎止血法；毛细血管出血（出血常为渗出性，或为若干小血滴，快者汇集流出）一般用加压包扎或指压法止血，或用明胶海绵局部止血。

创伤出血的鉴别和止血方法

血液是人体重要的组成部分，成人的血液总是约占其人体重的8%，少年儿童血液的总量可达体重的9%。创伤一般都会引起出血，当失血量达到20%时，就会有明显的临床症状，如血压下降、休克等，失血量达到30%以上时，就有生命危险。因此，判断出血量的多少和及时止血是非常重要的。出血按其出血部位可分为皮下出血、外出血和内出血三类。青少年在学校或家庭中发生的创伤，大多数是外出血和皮下出血。皮下出血多发生在跌倒、挤压、挫伤的情况下，皮肤没有破损，仅仅是皮下软组织发生出血，形成血肿、淤斑。这种出血，一般外用活血化瘀、消肿止痛药稍加处理，不久便可痊愈。外出血是指皮肤损伤，血液从伤口流出。根据流出的血液颜色和出血状态，外出血可分为毛细血管出血、静脉出血和动脉出血三种。最常见的是毛细血管出血。毛细血管出血时，血液呈红色，像水珠样流出，一般都能自己凝固而止血，没有多大危险。静脉出血时，血色呈暗红色，连续不断均匀地从伤口流出，危险性不如动脉出血大。动脉出血时，血液呈鲜红色，从伤口呈喷射状或随心搏频率一股一股地冒出。这种出血的危险性大。

在发生创伤以后，对伤口的处理，一定要做到及时、正确。伤口处理得好，受损部位的组织能够迅速愈合，使孩子很快地恢复健康；如果伤口处理不当，则可引起伤口恶化，如出血、化脓，甚至引起全身性感染，增加痛苦，严重的还可危及生命。

一般伤口的处理，主要有以下三个环节：

1. 清洗

用自来水、凉开水或生理盐水把创面及其周围冲洗干净。冲洗时应自伤口中心由内向外冲洗。擦洗过伤口外围的棉球，不能再用来擦洗伤口，以防污物、病菌对伤口的感染。如果没有生理盐水，可以自制盐水，用来冲洗伤口。这种盐水的配制方法是用 500 克凉开水，加盐 5 克，煮沸消毒。

2. 止血

伤口出血时，要根据出血情况，进行止血，减少病人痛苦。

3. 包扎

现场包扎是保护伤口的重要措施。一般说来，包扎时要做到：动作迅速、轻柔，部位准确；包扎严密牢靠、不松不紧。同时，还要做到严格认真、无菌操作，以防感染。

如何清洁伤口

包扎前正确、科学地清洁伤口能减少感染、减少患者的痛苦，懂得正确的清洁伤口的方法非常重要。清洁伤口前，先安置患者在适当位置，以便救护人操作。

如周围皮肤太脏并杂有泥土等，应先用清水洗净，然后再用75％酒精或0.1％新洁而灭溶液（一种常用消毒液）消毒创面周围的皮肤。消毒创面周围的皮肤要由内往外，即由伤口边缘开始，逐渐向周围扩大消毒区，这样越靠近伤口处越清洁。如用碘酒消毒伤口周围皮肤，必须再用酒精擦去，这种"脱碘"方法，是为了避免碘酒灼伤皮肤。应注意，这些消毒剂刺激性较强，不可直接涂抹在伤口上。伤口要用棉球蘸生理盐水轻轻擦洗。

在清洁、消毒伤口时，如有大而易取的异物，可酌情取出；深而小又不易取出的异物切勿勉强取出，以免把细菌带入伤口或增加出血。如果有刺入体腔或血管附近的异物，切不可轻率地拨出，以免损伤血管或内脏，引起危险，现场不必处理。伤口清洁后，可根据情况作不同处理。如系黏膜处小的伤口，可涂上紫药水，也可撒上消炎粉，但是大面积创面不要涂撒上述药物。如遇到一些特殊严重的伤口，如内脏脱出时，不应送回，以免引起严重的感染或发生其他意外。原则上可用消毒的大纱布或干净的布类包好，然后将用酒精涂擦或煮沸消毒后的碗或小盆扣在上面，用带子或三角巾包好。

如何正确地包扎伤口

伤口很容易成为病菌侵入人体的门户，因此，为避免伤口污染，伤口无论是否经过清创处理，都应及时包扎。及时、妥善的包扎，能达到止血、防止感染、保护伤口、减轻疼痛、固定敷料的作用，从而促进肌体早日康复。在学校和家庭，常用的包扎材料主要是绷带、三角巾、四头带、丁字带。包扎伤口的方法有以下几种：

1. 绷带包扎法：

（1）环形包扎法

环形包扎法应用于肢体粗细比较一致的部位。用绷带作环形缠绕，第一圈要拿出一角，反折回来压在第二圈下面，最后一圈的带尾用胶布固定，或剪成两条，分左右绕回打结。

（2）螺旋包扎法

螺旋包扎法适用于四肢、胸、背、腰等肢体粗细比较一致的部位。方法是先用绷带环形缠绕数圈，然后斜向上缠，每圈盖住前一圈的 1/2 或 1/3 呈螺旋形。

（3）螺旋反折包扎法

螺旋反折包扎法适用于前臂、小腿等部位。从远端开始，先用环形包扎法缠绕数圈固定，再作螺旋形法缠绕，每圈反折一次，盖住前圈的 1/2 或 1/3。

（4）"8"字环形包扎法

"8"字环形包扎法应用于关节弯曲处。方法是在关节弯曲处上下两方，一圈向上一圈向下成"8"字形地来回缠绕，每圈在弯曲处与前圈相交，同时根据情况与前圈重叠或压盖 1/2。

2. 三角巾包扎法。应用于较大的创面，悬吊手臂或固定夹板。

3. 四头带包扎法。应用于固定敷料，将带的中间位放在伤口敷料上，四个头分别拉向肢体对侧打结。

其中绷带包扎法是包扎中最常用的方法。操作时要注意以下事项：包扎卷轴绷带前要先处理好患部，并放置敷料。包扎时，展开绷带的外侧头，背对患部，一边展开，一边缠绕。无论何种包扎形式，均应环形起，环形止，松紧适当，平整无褶。最后将绷带末端剪成两半，打方结固定。结应打在患部的对侧，不应压在患部之上。有的绷带无须打结固定，包扎后可自行固定。

夹板绷带和石膏绷带为制动绷带，主要用于四肢骨折、重度关节扭伤、肌腱断裂等的急救与治疗。可用竹板、木板、树枝、厚纸板等作为夹板材料，依患部的长短、粗细及形状制备好夹板。夹板的两端应稍向外弯曲，以免对局部造成压迫。包扎前应先处置，在骨断端复位及创伤处理后，用卷轴带作螺旋形包扎 3～4 层，将凹陷处垫平，外加毛毯垫，装夹板，再用细铁丝或细绳捆绑固定。衬垫物的填充要适当，过多固定不实在，过少则会造成压迫。

青少年在包扎的时候应该使用正确的包扎方法，错误的包扎方法会导致严重的后果。有的人为患者的"肘关节伤"进行包扎时，长时间把"前臂和上臂固定在一条直线上"，结果患者的"肘关节失去了应有的弯曲功能"而残废了。究其原因，就是不知道包扎时，应该把关节固定在"功能位置"上。保持在功能位置上的关节，就算伤后关节不能活动，也可以最大限度地保留原关节的一些生理功能。

对上肢来说，最重要的是保证手的功能；对下肢来说，主要是保证持重和步行的功能。因此，肘关节的功能位置是屈曲近 90 度，膝关节的功能位置是稍屈 10 度，手各指关节的功能位置是屈曲 45 度。踝关节的功能位置是 90 ～ 95 度。再以外伤骨折为例：包扎松散，不起固定作用是导致畸形愈合或假关节形成的重要原因。众所周知，骨折、脱位的整复要靠固定来保证。如果包扎松散，起不到固定的作用，近期就有可能发生出血、疼痛、休克等危险，远期则可能造成畸形愈合和假关节。相反，包扎得太紧，也有可能造成机体新的损伤。过紧的包扎影响血液循环，可出现肢体肿胀，或苍白、发绀、发冷、麻木等表现。如不及时放松重新进行恰当的包扎，就有可能造成肢体缺血、坏死。此外，为包扎伤口，不适当地移动患者，也可造成难以挽救的损伤。例如，造成长骨完全骨折患者的骨折端刺伤重要血管、神经，造成脊柱骨折的患者脊髓损伤而发生截瘫等。因此，包扎时必须讲究技巧。

骨折临时固定的注意事项

骨折临时固定时需要注意以下事项：

1. 本着先救命后治伤的原则，呼吸、心跳停止者立即进行心肺复苏。有大出血时，应先止血，再包扎，最后再固定骨折部位。

2. 对于大腿、小腿和脊柱骨折，应就地固定，不要随便移动伤员。

3. 骨折固定的目的，只是限制肢体活动，不要试图整复。如患肢过度畸形不便固定时，可依伤肢长轴方向稍加牵引和矫正，然后进行固定。

4. 对四肢骨折断端固定时，先固定骨折上端，后固定骨折下端。若固定顺序颠倒，可导致断端再度错位。

5. 固定材料不能与皮肤直接接触，要用棉花等柔软物品垫好，尤其骨突出部和夹板两头更要垫好。

6. 夹板要扶托整个伤肢，将骨干的上、下两个关节固定住。绷带和三角巾不要直接绑在骨折处。

7. 固定四肢时应露出指（趾），随时观察血循环，如有苍白青紫、发冷、麻木等情况，立即松开重新固定。

8. 肢体固定时，上肢屈肘，下肢伸直。

9. 开放性骨折禁用水冲，不涂药物，保持伤口清洁。外露的断骨严禁送回伤口内，避免增加污染和刺伤血管、神经。

10. 疼痛严重者，可服用止痛剂和镇静剂。固定后迅速送往医院。

现场急救前，小伤口出血应先包扎止血，大伤口应先清洗消毒，再用消毒纱布或干净布盖好后包扎和夹板固定，不要把刺出的骨端送回伤口内，以免感染。骨折固定常用木质夹板进行，紧急时可就地取材，如竹板、竹片、木棒、手杖、硬厚纸板等代用品；上夹板前，在肢体与夹板间垫一层棉花或布类等柔软物品；捆绑夹板时应将断骨处的上下两个关节都固定住，即要"超关节固定"。四肢固定时，要露出指、趾尖，以观察血液循环情况，如发现指趾苍白、发凉、疼痛麻木、青紫等现象，说明夹板绷得太紧，应放松绷带，重新固定。

常见部位骨折固定及方法：

头部骨折：伤者静卧位头稍高，在头部两侧放两个较大的枕头或沙袋将其固定住。

肱骨骨折：救护者一人握伤者前臂使患肢肘关节向里弯，并向其下方外边牵引，另一个人拿夹板固定，一块夹板放臂内侧，另一块夹板放臂外侧，上过肩，下至肘外，然后用绷带包扎固定后吊起。

前臂骨骨折：救护者一人使伤者臂屈成 90° 角，将一块平板放于前臂内侧，一端需超过手掌心，另一端超过关节少许，再用另一块夹板放于前臂外侧，长度如上，然后用绷带缠绕固定，并用悬臂带吊起。

手骨骨折：将伤肢呈屈肘位，手掌向内侧，手指伸直，夹板放于内侧，用绷带缠绕包扎，悬臂带吊起。

大腿骨折：伤者平卧，一人握住伤肢的足后跟，轻轻向外牵引，另一人按住伤者的骨盆部，第三人上夹板，一块放在大腿内侧，上自腹股沟（大腿根部），下至过脚跟少许，另一块放在大腿外侧，上自腋窝，下至过脚跟少许，然后用绷带或三角巾固定。

小腿骨骨折：固定方法同大腿骨折，固定在小腿外侧的夹板，上端只需过膝少许。

足骨骨折：夹住足关节，用稍大于足底的夹板放于足底，用绷带缠绕固定。

脊柱骨折：采用"三人搬运法"使患者平卧于木板上，让伤者俯卧，用宽布带将伤员身体固定在担架上，以免转运时颠动。

骨盆骨折：将伤员轻移至平板上，两腿微弯，骨盆处可垫少许棉布，然后用三角巾或衣服将骨盆固定在木板上。

肋骨骨折：用宽布缠绕胸部，限制伤者的呼吸运动，将断肋固定住。

骨折的急救处理和搬运护送伤员的方法

骨折大多数是由于外力的冲击，造成骨断裂或粉碎。骨折一般均伴有功能丧失（如上臂骨折不能伸屈，下肢骨折不能行走）、疼痛和畸形的表现。骨折的急救原则首先是及时正确地进行固定，以避免伤情的加重，减轻患伤者的痛苦，然后迅速护送医院。在急救中要注意观察伤员全身情况，如发生呼吸、心搏骤停时，应立即抢救，有大出血者要先进行止血，有疼痛者要用镇痛药物。对开放性骨折的局部要作好消毒处理，要用消毒敷料将伤口盖好，并加以包扎，以防止感染；如有暴露在外的骨头，严禁纳入伤口内。使用夹板固定时，必须将断骨的上下两个关节固定。上肢骨折固定时，肢体要呈屈肘状；下肢骨折固定时，肢体要伸直，指或趾均要露出，这样便于观察血液循环的情况。夹板与肢体接触部位要垫纱布或棉花，固定时要松紧合适，既保证血液循环畅通，又不使夹板滑脱。

受伤人员经过处理或急救后，如需进入医院作进一步治疗时，搬运护送得好坏，在一定意义上说直接影响下一步治疗的难易和成败。因此，根据病人情况选择合适的搬运方法非常重要。一般常见的有徒手搬运法和担架搬运法：徒手搬运法适用于伤情较轻、能够站立行走，并距医院较近的病人。担架搬运法应用于病情较重、路途较远或不适用徒手搬运的病人。搬运时一般用帆布担架。在移动病人时动作要轻，病人躺在担架上时，要让其头部在后，脚部在前，以便护送者在行进途中对病人进行观察。在途中要使病人保持水平状态。上坡时，前面的担架员要将担架放低，后面的担架员要将担架抬高，下坡时则相反。要用三角巾等将病人固定在担架上，防止移动。如用汽车转送，病人身体要与车的前进方向垂直而横卧。昏迷病人转运时要取侧卧位，胸部或背部垫一枕头。

如何做人工呼吸

在进行人工呼吸时应该注意：

1. 将患者抬置于空气流通的场所。

2. 保持呼吸道畅通，松解衣领，牵出后坠的舌头，清除呼吸道异物，如有假牙也应一道取出，避免阻塞呼吸道。

3. 将患者头后仰，可在肩下垫枕头或其他物品，使其气管顺直。

4. 人工呼吸要有节奏（每分钟约 14 ～ 16 次）耐心地进行，直到自动呼吸恢复或死亡症状确已出现为止。

5. 绝对不能随意用正常人练习人工呼吸，因为会造成不必要的危险，如骨折、肝脾脏裂伤、心律不齐等等。

6. 施行人工呼吸要连续进行，不可中断，有时要进行两三个小时才有效果。时间过久，可以由几个人轮流操作。

7. 病人呼吸恢复正常后，才可停止人工呼吸。还应该仔细观察呼吸是否再停止，如果又停止了，还要再做人工呼吸。

人工呼吸方法很多，有口对口吹气法、俯卧压背法、仰卧压胸法，但以口对口吹气式人工呼吸最为方便和有效。

1. 口对口或（鼻）吹气法：此法操作简便容易掌握，而且气体的交换量大，接近或等于正常人呼吸的气体量，对大人、小孩效果都很好。具体的操作方法如下：

（1）病人取仰卧位，即胸腹朝天。

（2）救护人站在其头部的一侧，自己深吸一口气，对着伤病人的口（两嘴要对紧不要漏气）将气吹入，形成吸气。为使空气不从鼻孔漏出，此时可用一手将其鼻孔捏住，然后救护人嘴离开，将捏住的鼻孔放开，并用一手压其胸部，以帮助呼气。这样反复进行，每分钟进行 14～16 次。

（3）如果病人口腔有严重外伤或牙关紧闭时，可对其鼻孔吹气（必须堵住口）即为口对鼻吹气。救护人吹气力量的大小，依病人的具体情况而定。一般以吹进气后，病人的胸廓稍微隆起为最合适。口对口之间，如果有纱布，则放一块叠二层厚的纱布，或一块一层的薄手帕，但注意，不要因此影响空气出入。

2. 俯卧压背法：此法古老但仍在普遍使用。由于病人俯卧，舌头易向口外坠出，救治者不必另花时间拉舌头，可赢得更多更快的抢救时间。此法简单易行，在救治触电、溺水、自缢者时常用。其操作方法如下：

（1）伤病人取俯卧位，即胸腹贴地，腹部可微微垫高，头偏向一侧，两臂伸过头，一臂枕于头下，另一臂向外伸开，以使胸廓扩张。

（2）救护人面向其头，两腿屈膝跪于伤病人大腿两旁，把两手平放在其背部肩胛骨下角（大约相当于第七对肋骨处）、脊柱骨左右，大拇指靠近脊柱骨，其余四指稍开微弯。

（3）救护人俯身向前，慢慢用力向下压缩，用力的方向是向下、稍向前推压。当救护人的肩膀与病人肩膀成一直线时，不再用力。在这个向下、向前推压的过程中，肺内的空气即可压出，形成呼气。然后慢慢放松回身使外界空气进入肺内，形成吸气。

（4）按上述动作，反复有节律地进行，每分钟 14～16 次。

3. 仰卧压胸法：此法便于观察病人的表情，而且气体交换量也接近于正常的呼吸量，但最大的缺点是，伤员的舌头由于仰卧而后坠，阻碍空气的出入。所以做本法时要将舌头按出。这种姿势，对于淹溺及胸部创伤、肋骨骨折伤员不宜使用。操作方法如下：

（1）病人取仰卧位，背部可稍加垫，使胸部凸起。

（2）救护人屈膝跪地于病人大腿两旁，把双手分别放于乳房下面（相当于第六七对肋骨处），大拇指向内，靠近胸骨下端，其余四指向外放于胸廓肋骨之上。

（3）向下稍向前压，其方向、力量、操作要领与俯卧压背法相同。

洪水暴发时如何防备与自救

青少年在洪水到来之前，要尽量作好相应的准备。

1.根据当地电视、广播等媒体提供的洪水信息，结合自己所处的位置和条件，冷静地选择最佳路线撤离，避免出现"人未走水先到"的被动局面。

2.认清路标，明确撤离的路线和目的地，避免因为惊慌而走错路。

在洪水到来时，青少年也应该懂得怎样急救：

1.洪水到来时，来不及转移的人员，要就近迅速向山坡、高地、楼房、避洪台等地转移，或者立即爬上屋顶、楼房高层、大树、高墙等高的地方暂避。

2.如洪水继续上涨，暂避的地方已难自保，则要充分利用准备好的救生器材逃生，或者迅速找一些门板、桌椅、木床、大块的泡沫塑料等能漂浮的材料扎成筏逃生。

3.如果已被洪水包围，要设法尽快与当地政府防汛部门取得联系，报告自己的方位和险情，积极寻求救援。青少年此时需要注意的是：千万不要游泳逃生，不可攀爬带电的电线杆、铁塔，也不要爬到泥坯房的屋顶。

4.如已被卷入洪水中，一定要尽可能抓住固定的或能漂浮的东西，寻找机会逃生。

5.发现高压线铁塔倾斜或者电线断头下垂时，一定要迅速远避，防止直接触电或因地面"跨步电压"触电。

6.洪水过后，要做好各项卫生防疫工作，预防疫病的流行。

避难所一般应选择在距家最近、地势较高、交通较为方便处，应有上下水设施，卫生条件较好，与外界可保持良好的通讯、交通联系。在城市中大多是高层建筑的平坦楼顶，地势较高或有牢固楼房的学校、医院，以及地势高、条件较好的公园等。

怎样在水灾中脱险和自救

我国幅员辽阔，几乎每年都有一些地方发生或大或小的水灾。严重的水灾通常发生在河谷、沿海地区及低洼地带。暴雨时节，这些地方的人们就必须格外小心，以防洪水泛滥。在听到水灾的警报或遇到水灾后，青少年应注意以下几点：

1. 听从家长或学校的安排与组织，进行必要的防洪准备，或是撤退到相对安全的地方，如防洪大坝上或是当地地势较高的地区。选择最近、地势较高、交通较为方便及卫生条件较好的地方。在城市中大多是高层建筑的平坦楼顶，地势较高或有牢固楼房的学校、医院等。在山区，如果连降大雨，容易暴发山洪。遇到这种情况，应该注意避免过河，以防止被山洪冲走，还要注意防止山体滑坡、滚石、泥石流的伤害。

2. 来不及撤退者，尽量利用一些不怕洪水冲走的材料，如沙袋、石堆等堵住房屋门槛的缝隙，减少水的漫入，或是躲到屋顶避水。房屋不够坚固的，要自制木（竹）筏逃生，或是攀上大树避难。离开房屋前，尽量带上一些食品和衣物。

3. 被水冲走或落入水中者，首先要保持镇定，尽量抓住水中漂流的木板、箱子、衣柜等物。如果离岸较远，周围又没有其他人或船舶，就不要盲目游动，以免体力消耗殆尽。

4. 无论何种情形的遇险者，都要设法发出求救信号，如晃动衣服或树枝，大声呼救等。

5. 发现高压线铁塔倾倒、电线低垂或断折，要远离避险，不可触摸或接近，防止触电。

如果遇上大雨天气，在山沟的河谷里的人，就一定要尽快爬到高处去，决不能顺着河谷往下游走。因为河谷两面的山很陡，山水很快就会流到河谷里来，并形成滚滚的急流，躲不及就可能被洪流卷走。